엄마 아빠, 나도 영재로 키워주세요

엄마 아빠, 나도 영재로 키워주세요

웨인 W. 다이어 지음 | 박정애 옮김

오늘

언어 표현도 제대로 할 수 없는 두 살배기 아이에게 '영어 테이프 듣기', '영재 학습 풀이' 등을 강요하는 부모가 우리 주변에는 너무도 많다.

미국의 심리학 박사 웨인 다이어(Wayne W. Dyer)의 자녀교육 지침서 「자녀를 위하여 당신은 무엇을 할 것인가?」(What Do you Really Want for your children?)는 어떻게 교육하는 것이 자녀를 바르게 양육하는지조차 분별하지 못하고 무조건 지적인 면만 강조하는 요즈음의 부모들에게 교육의 참 방향을 제시해 주고 있다.

특히 자녀교육에 있어 부모의 역할을 강조한 이 글 속에서 '다치지 않도록 안전하게 놀아라', '말을 잘 들어라', '유별나게 행동하지 마라', '춤 추거나 뛰지 말고 발꿈치를 살며시 들어라' 등 부모가 자녀에게 늘 해오던 말들이 자녀교육 발달의 저해요인이 되고 있음을 세밀하게 풀이해 놓았다.

이 책은 특히 이제까지 자녀교육에 무관심했던 아버지들도 자녀에게 깊은 관심을 가질 수 있도록 마음의 여유를 갖게 해준다.

옆집 아이가 시험에서 만점을 받아 왔는데, 자기 아이는 점수를 잘 못 받아 왔다고 힐난하는 부모와 학습만을 강요하는 부모는 반드시 읽어야 할 글들이다.

편집부

엄마 아빠, 나도 영재로 키워주세요 _차례

찬해라 ·당신의 자녀는 천재로 태어났다 ·부모의 칭찬이 재능의 싹을 자라게
한다 ·갓난아이 말투로 말하지 마라 ·놀이도구는 모자란 듯한 것이 좋다 ·자
녀의 따분해하는 모습에 신경 쓰지 마라 ·혼자 있고 싶어하면 자화상을 그리
는 것이다 ·지저분한 방은 독창력의 증거다

무거운 짐으로 생각하지 않게 해라 ·마음이 모든 것을 좌우한다는 것을 알게 해라 ·마음의 시그널을 선택하게 해라 ·자기 생각대로 살게 해라 ·자녀와 능숙하게 대결해라 ·아이들의 폭력적 태도는 사랑의 동작이다

부모가 자녀에게 가장 바라는 것은 무엇인가?

부모는 자녀가 모든 면에서 한계를 갖지 않는 인간으로 성장하고,

가능성을 충분히 발휘하며 깊은 감사의 마음을 가지고 살아가길 바란다.

이처럼 언제나 인생을 즐기는 능력을 몸에 익힌 사람을

'무한계 인간' (no limit person)이라 한다.

이런 '무한계 인간' 은 누구나 키워낼 수 있다.

제 1 장

아이들의 두뇌에는
천재성이 잠들어 있다

| 창의력을 키우는 대화법 |

'무한계 인간'이라고 해서 결코 상대방을 자신의 뜻대로 움직이려고 하지 않는다. · · 무슨 일이든
지나치게 집착하면 오히려 그것이 가장 큰 원인이 되어 일이 원만하게 처리되지 않는다는 것을 충분
히 이해하고 있다. 그는 자기만의 어떤 요소를 만들어 나가면서 상황을 대처하며, 다른 사람의 평가에
결코 좌우되지 않는다. · · 또한 정직한 마음으로 남들을 대하고, 어떤 상황에서도 창의력을 충분히
발휘하며 사물을 대할 때 창의성을 중시한다.

1
부모만이 창의성을 키울 수 있다

모든 아이들은 창의력이 풍부하다

창의성과 아이들이 불가분의 관계에 있다는 것은 많은 사람들이 익히 알고 있을 것이다.

그 가운데 태어나면서부터 창의력이 있는 아이들과 없는 아이들이 있다는 말들을 하는데, 나는 그렇게 생각하지 않는다.

모든 아이들은 창의력이 풍부하며 모두 창의력을 가지고 태어난다. 다만 그 창의력을 키우는 것도, 잠재우는 것도 부모의 자식에 대한 양육 방법에 달렸다.

태어나면서부터 갖고 있는 창의적 재능은 자극을 받고 격려를 받으면 꽃을 피우므로 그것을 최대한으로 키우고 성장시키는 것은 무엇보다 중요한 일이다. 그것에 따라 생활 전반에 커다란 차이가 나타나게 된다.

창의성이란 독창성을 의미한다. 자기 나름대로의 방법으로 어떤 문제를 잘 대처하는 것을 말한다. 그리고 하나의 독립된 인간으로 인식하면서 매일 반복되는 자질구레한 일에도 세심한 관심을 갖는 것을 말한다.

창의성은 미술이나 음악에만 한정된 것은 아니다. 샐러드를 만드는 일, 자전거 수리 등도 모두 창의적인 일이며 2회전 점프를 하고 몸을 비틀면서 물 속으로 뛰어드는 것도 창의적인 일이라 할 수 있다.

자신의 재능을 최대한 살리면서 독자적인 생각으로 무슨 일에나 관심을 갖고 자라는 아이들은 풍부한 상상력을 바탕으로 창의성을 가지고 인생을 살게 된다.

개성의 싹은 짓밟히고 있다

창의성의 반대말은 '기계적'이나 '게으름'이 아니라 남을 그대로 따라 하는 것을 말한다. 상상력을 발휘하지 않고 자기 식의 방법을 연구하지 않으며, 어른을 흉내내기만 하는 아이는 창의성을 키울 수 없게 된다.

모든 아이들은 각자 독특한 개성을 지니고 있으며 한 사람 한 사람은 둘도 없는 귀중한 존재이다.

유사이래 이 세상을 똑같은 눈으로 바라본 사람은 한 사람도 없는 것처럼, 이 세상에 오직 하나밖에 없는 그 특유의 소질을 일상생활의 모든 면에서 살려나갈 의욕과 능력이 있느냐 없느냐가 창의력의 척도가 된다.

창의력을 자극하는 것이 중요하다고 강조하고 있으면서도 현실은 유감스럽게도 갖가지 압력을 가하여 아이들에게 그 정반대를 강요하고 있다. 나이팅게일 백작은 창의성과 아이들에 대해 다음과 같이 말했다.

"아이들의 행동은 그릇된 가설에 의해 규제되고 있다. 가정이나 학교에서의 잘못된 교육 방법으로 인해 아이들은 일그러진 인생관을 갖게 된다. '다치지 않도록 안전하게 놀아라', '말을 잘 들어라', '유별나게 행동하지 마라', '집단 속의 한 사람, 무리 속의 한 마리 양으로 행동해라', '춤 추거나 뛰지 말고 발꿈치를 살며시 들어라' 등의 말을 듣고 자란다. 이렇게만 따라 하는 아이들은 창의성을 개발하지 못하고 자라게 된다."

자신이 갖고 있는 창의성을 개발해 나가는 아이는 남과 똑같은 생활을 하지 않더라도 모든 면에서 언제나 안정되고 자유로운 마음으로 임하게 된다. 남과 똑같은 사고를 하면 새로운 것을 시도할 수 없다는 것을 충분히 인식하면서 성장한다.

또한 그런 아이는 순응하고 적응하는 것이 반드시 인생의 훌륭한 목표는 아니라는 것, 확립된 권위에 도전하거나 이유를 묻고 새로운 방법을 궁리하는 것이 대단히 멋진 일이라는 것을 어릴 때부터 알게 된다.

이 세상에 창의력이 없는 아이를 원하는 부모는 아마 거의 없을 것이다. 그러나 대부분의 부모는 24시간 내내 창의력이 없는 아이로 키우고 있다. 독창적인 아이가 되어 주기를 바라면서도 아이의 행동에 제약을 가하거나 정해진 규정대로 행동하게 하여 바람직한 성장을 억제하고 있는 것이다.

2
창의력 발달을 위한 7가지 원칙

창의력을 엄밀하게 정의하기는 어렵다. 전문가들도 창의력을 정확하게 정의하려고 노력해 왔으나 어떤 뜻으로 이 말을 사용하고 있는지 정확히 알지 못하고 있으며 모든 사람이 수긍할 수 있는 대답은 아직 나오지 않고 있다. 그럼에도 불구하고 창의력이라는 말은 1년 내내 쓰여지고 있으며, 또 창의력이 있는 아이들은 칭찬의 대상이 되고 있다.

여기서 한 가지 창의력의 요소를 제안해 보고 싶다.

우선 가장 창의력이 풍부한 작가라고 일컬어지는 랠프 에머슨의 말을 마음에 새겨두었으면 한다.

"교육을 받은 모든 사람은 모방은 자살행위와 같다고 확신할 때가 있다. 이 말은 인간이라는 것은 누구나 사회 규범에 그냥 따르기만 하는 인간이어서는 안 된다는 것이다."

모든 생각과 행동에 독창성을 가지고 임하는 자세야말로 창의력이 풍부한 인간이 갖는 자유이다.

아이들은 매일 이 자유를 행사할 기회를 가질 수도 있으며, 또 누군가가 시키는 대로만 할 수도 있다. 무슨 일이든 독창적으로 밀고 나가느냐, 모방만으로 끝나 버리느냐 하는 것은 무엇이 장려되고 무엇이 제약을 받느냐에 달려 있다.

여기서 나의 무한한 상상력에 입각한, 영재가 될 수 있는 창의적 자녀 교육법 7가지를 소개해 보겠다.

간섭하지 말고 내버려둬라

창의성이란 새로운 것을 만들어내고 새로운 관점에서 문제를 다루는 것이다.

창의적인 인간이 되려면 어릴 때부터 굳건한 독립심을 갖지 않으면 안 된다. 가치 있는 일에 부모나 남의 눈치를 볼 필요가 없다는 것도 터득해야 한다. 무슨 일을 하더라도 일일이 부모의 동의를 얻어야 하고 정해진 규칙에 따르는 것은 단적으로 말해 아이의 창의성을 깔아뭉개는 것이다.

독립심은 무책임한 일을 허용하는 것과는 엄연히 다르다. 아이를 독특한 개성을 지닌 존재로 바라보고, 될 수 있는 대로 남이 흉내낼 수 없는 독창적인 방법을 시도하게 해야 한다.

독립심을 키워 주려면 아장아장 걷는 갓난아기 때부터 부모가 간섭하지 않고 자유롭게 놀도록 내버려두어야 한다. 12살 정도까지는 학교에서 마음대로 말하거나 친구를 고르는 등 행동에 제약을 가하지 않고 자유롭게 하도록 해야 독립심이 향상된다.

12살 이상이 되면 자신의 의견을 발표하거나 새로운 방법을 시도하려고 할 때 그저 지켜봐 주기만 해도 된다.

독창성이 풍부한 아이는 무슨 일이든 혼자서 잘 처리하며 남이 자신을 대신해서 생각하거나 행동하는 것을 싫어한다.

자녀가 창의력이 넘치는 사람으로 자라기 바란다면 생각을 깊이 하도록 하는 동시에 자립심을 존중해 주고 좋아하는 것을 밀고 나가도록 자유를 주어야 한다. 갖가지 실험을 할 수 있게 하고 자기만의 방법을 시도하게 하며 남의 방식을 따르지 않는 생활 태도를 권해야 한다.

일반적으로 의지가 강한 부모는 자녀가 자기 의사에 따르기를 바라기 때문에 독창성을 파괴하는 경우가 많다.

정해진 말로 뚜껑을 덮지 마라

창의적이기 위해서는 새로운 경험이라면 무엇이든 받아들이는 자세가 필요하다. 그러기 위해서는 어떤 미지의 영역에도 기꺼이 뛰어들지 않으면 안 된다.

또한 부모가 자녀에게 틀에 박힌 평가보다는 자연스럽게 마음이 향하는 대로 내버려두고, 하고 싶은 것이 있으면 무엇이든 해

보도록 하는 것이 좋다.

즉 '너는 맏아들이다', '너는 막내다', '너는 머리가 좋다', '너는 귀엽다', '너는 협조적이 아니다', '너는 게으름뱅이다', '너는 이해력이 부족하다', '너는 칠칠치 못하다', '너는 말썽꾸러기다', '너는 반항적이다', '너는 깨끗하다', '너는 보스 기질이 있다', '너는 남을 잘 돌봐준다' 등으로 자녀에게 고정적인 평가를 내려서는 안 된다. 아이들은 그날그날에 따라 이런 모습을 보일 때도 있고 저런 모습을 보일 때도 있다.

하루 중에서도 축구를 하고 싶을 때도 있고, 퍼즐을 즐기고 싶을 때도 있고, 멍청하게 앉아 있고 싶을 때도 있고, 그림을 그리거나 군대놀이를 하고 싶을 때도 있다. 무기력하게 보이다가도 갑자기 활발해지기도 한다. 이러한 다양성은 모든 것을 경험할 좋은 기회를 주며 창의성을 높이 평가하는 사람들의 눈으로 보면 대단히 중요한 요소가 된다.

대부분의 부모는 자녀에게 고정관념을 갖게 되면 아이가 아무리 자신을 바꾸려고 노력해도 그러한 고정관념 속에서 자라게 된다. 그리고 부모가 붙인 그 평가 속에서 아이 자신이 그것을 스스로 인정해 버리며, 자신에 대하여 체념하고 본의 아니게 창의성이 없는 아이로 만들어진다.

마음속의 논리는 이렇다.

"새로운 경험을 해보라고? 모두가 나를 엄마 아빠 말을 잘 듣는 아이라고 생각하고 있는데?"

이윽고 아이는 부모가 붙여준 고정관념의 라벨대로 만들어져 가고, 창의력의 샘은 말라 버리게 된다. 그러므로 독창적인 아이로 자라기 위해서는 하나의 고정된 평가에 속박 당하지 않고 무슨 일이든 다 할 수 있다는 가능성을 열어놓아 주어야 한다.

정직함을 길러 줘라

창의성은 정직과 성실성에 깊이 연관되어 있다. 창의성을 발휘하기 위해서는 어떤 경우든지 무조건 자신을 성실한 인간으로 신뢰할 수 있어야 한다. 자신의 마음이 늘 정직하다면 가정에서나 직장에서나 모든 면에서 정직한 태도로 자유롭게 임할 수 있다.

반대로 자기 자신을 속이거나 남에게 거짓말을 하거나 비밀스런 생활을 하는 아이는 자신이 생각해낸 거짓이 노출되는 것을 막는 것에 시간을 전부 빼앗겨 버린다.

이렇게 되면 거짓을 계속 밀고 나가고자 하는 마음이 생긴다. 그런 아이는 자연스럽게 행동할 수 없게 되고 창의력은 더 이상 자라지 않게 된다.

자신에게 솔직하다는 것은 창의력을 몸에 익히는 과정에서 가장 중요한 부분이다. 그러므로 어릴 때부터 자기 자신에게 성실하지 않으면 안 된다.

아이에게 이런 식으로 말해 보자.

"혹시 부모나 선생님을 속일 일이 생기더라도 너 자신만큼은

속이지 않도록 해라."

"자신의 노력을 진심으로 기뻐해줄 수 있는 사람은 너 자신밖에 없다."

"침대에 누워 있는 것처럼 마음이 편안할 때, 정말로 자신에게 솔직하고 충실한지 가슴에 손을 대고 잘 들어보기 바란다."

아이가 아무런 불안감 없이 부모나 남의 눈치를 보지 않고 정직하게 자신과 마주 대하도록 부모가 뒤에서 도와줄수록 아이는 자신감을 갖게 된다.

성장함에 따라 자신감이 생기게 되면 어떤 것과 대결해도 스스로 독특한 방법을 사용하게 된다. 이것이 바로 독창적인 아이로 자라느냐, 그렇지 않은 아이로 자라느냐의 갈림길이 된다.

정직하지 않으면 안 된다고 꾸짖는 것보다 정직한 말을 했을 때 칭찬해 주는 것이야말로 셰익스피어의 유명한 격언, "무엇보다도 중요한 것은 자기 자신에게 성실한 것"에 도달하는 것이 될 것이다. 그리고 거기서부터 자신에게 정직하라는 교육의 긴 과정이 시작된다.

나는 영웅이 되기 위해 태어났다고 생각하게 해라

창의적인 아이는 자신의 능력에 대해 불안하게 생각하지 않는다. 이렇게 되려면 아이가 자신에게 한계가 있다고 생각하지 않도록 교육을 받아야 한다. 남보다 자신의 사고방식에 가치를 두

24

는 것이 중요하다는 것을 배워야 한다. 그래서 아주 어릴 적부터 자신에게는 남달리 특별한 재능과 위대한 힘이 갖춰져 있으며 그 재능을 마음껏 발휘할 수 있다는 것도 알게 해주어야 한다.

아이가 마음속에 이상형으로 삼고 있는 인물을 어떻게 그리고 있느냐 하는 것은 창의성의 발달에 매우 중요하게 작용한다. 소위 '일류'라고 일컬어지는 스포츠 선수나 음악가나 이상으로 삼는 인물이 자기보다 위대하고 힘이 세며 우수하다고 생각되면, 자신의 능력을 생각하며 불안을 느끼게 된다.

아이에게 있어서 존경하는 인물은 특별한 존재이지만, 매우 평범한 인간이라고 생각하게 해야 한다. 창의력이 넘치는 아이로 키우기 위해서는 아이가 이상으로 삼는 인물의 업적을 통해 자신도 같은 경험을 쌓아야 한다고 생각하게 만드는 것이 아니라 자신의 훌륭한 힘을 공상하도록 해야 한다.

정치가, 일류 실업가, 예술가, 작가, 예능인, 그 밖에 아무리 동경하는 사람을 만나도 주눅들지 않고, 자신도 그들과 같은 입장이 된다면 어떻게 펼쳐나갈 것인지 참고하는 것에 그치도록 해야 한다.

그보다도 자신이 갖는 힘에 주목하여 그것이 표면에 나타나도록 강하게 의식하고 있어야 한다. 다른 사람의 실례는 자신의 목표 달성을 위한 자극제일 뿐이지, 본래 다른 사람이 자기보다 앞서 있다고 생각하지 않도록 해야 한다.

유명한 발명가에 대해서 공부를 한 아이에게는 장래에 무엇을 발명할 것인지에 대해 이야기를 나눠 봐야 한다.

"넌 이 다음에 무엇을 발명하게 될 것 같니? 세상을 깜짝 놀라게 하는 것을 만들 거야. 그렇지? 인간에게 큰 도움을 주는 것 말야. 너는 틀림없이 무엇이든 할 수 있을 거야. 너는 무척 현명하고 독창적인 생각을 하니까."

아이와 이런 식으로 이야기를 하면 자기도 훌륭한 사람이 될지도 모른다는 희망을 갖게 된다. 또 위인도 슈퍼맨이 아니라 자기와 똑같은 매우 평범한 사람이었다는 것을 이야기해 주는 것이 좋다.

창의력이란 자신에게 훌륭한 힘이 있다고 믿는 일이다. 그리고 어른은 그 자신감을 키워 주는 데 많은 힘을 보태줄 수가 있다.

놀이에 열중하고 있는 아이를 방해하지 마라

창의력이 있는 사람은 반드시 집중력이 있다.

롤로 메이는 〈창의에의 용기〉(Courage to Create)에서 다음과 같이 말하고 있다.

"마음의 평온, 열중, 몰두 등은 예술가나 과학자가 무엇인가를 만들어내려는 마음 상태인데, 아이들이 놀고 있는 모습도 그와 같다고 할 수 있다. 참다운 창의력은 '의식의 집중'이나 '마음의 맑음'이라는 특징을 갖고 있다."

아이가 어떤 일에 흥미를 갖고 집착을 하거나 롤로 메이가 말하는 집중력을 가지면 활발히 창의력을 키우게 된다.

아이는 놀이에 열중하고 공상의 세계에 몰입한다. 머릿속으로 그려서 생각하는 이야기나 그 등장인물에 대해 질문하는 등 공상의 세계에서 논다. 따라서 부모는 적극적으로 아이들이 연극에 출연하거나 무용에 참가하도록 하고 출연했을 때의 흥분을 맛보게 하며 부모의 눈으로 봐서 그 솜씨가 늘었다고 생각되면 칭찬해 주어야 한다.

창작 활동에 열중해 본 경험은 앞으로 어떤 목표를 향해 노력하지 않으면 안 되게 되었을 때, 자연스럽게 살아난다. 무엇인가에 몰두하는 일을 부모가 찬성하고 도와줄수록 아이의 창의력을 키우는 데 도움이 된다. 나이에 상관없이 아이가 놀이에 마음을 빼앗기고 흥분하고 있을 때는 그 기분을 더욱 고양시키도록 도와주기 바란다.

어린아이가 장난감을 쥐고 있거나 열심히 무엇인가를 들여다보고 있을 때는 그것에 집중하도록 해야 한다. 무엇을 보고 있는지 부모가 물어보는 것도 좋고, 어른이 손가락으로 가리킨 것을 아이가 찾아냈을 때는 칭찬해 주고 함께 마음껏 즐거워하는 것도 좋다.

아장아장 걸어다닐 무렵에는 무엇에 대해서나 호기심이 강해진다. 그 호기심을 만족시켜 주면 아이는 점점 더 창의력이 넘친 말과 행동을 하게 된다.

예를 들어 딸기에 얹혀 있는 쇼트 케일 장난감을 갓난아기를 업고 있는 모습처럼 생각하는 것은 매우 풍부한 상상력을 발휘한 것이라 볼 수 있다. 또한 놀았던 장소를 몇 시간 동안 치우는 일이나 들판에서 오랫동안 벌레를 관찰하는 일은 어른에게는 지루한 일일 수 있지만 아이에게는 장려해야 할 일이다.

아이가 열중하고 있을 때는 방해하지 말고 의욕을 잃는 말은 삼가도록 해야 한다. 마음대로 하도록 내버려두면 창의성의 중심 요소가 자라게 된다.

아이들은 12살 정도까지 내부에 놀라운 상상력과 집중력을 숨기고 있다. 자기들끼리 클럽을 만들어 각 멤버가 각자의 역할을 수행하기도 하고, 몇 시간에 걸쳐서 영화의 대본을 쓰거나 자기들 나름대로 게임을 마음대로 바꾸거나 해서 즐기기도 한다.

그것을 여러 사람에게 보여주고 관심을 가지고 열중하게 되면 그것이 창의적인 활동을 하는 것이고, 상상력을 왕성하게 구사하는 것이며 훌륭하고 칭찬받을 만한 일이라고 이해하게 된다.

13살 이상의 청소년기에는 창의력 활동을 위해 본격적으로 노력하게 된다. 학교의 숙제라든가 야외 실습 등의 학습 활동에도 열심히 매달리게 되며 어른으로서는 흉내낼 수 없을 정도로 흥분하면서 친구와 열띤 토론을 벌이기도 한다. 누가 누구와 외출했다든가, 누가 누구를 좋아한다든가 따위를 환호성을 질러가면서 이야기하기도 한다.

그리고 자기들끼리 토론하면서 시나리오를 구성한다. 자기들이 열심히 할수록 어른들이 지지하고 훌륭한 일이라고 인정하면 더욱 그 일에 자신감을 가지고 취미의 방향 결정도 할 수 있게 된다. 이렇게 해서 창의성이 작용하는 것이다.

설사 아이의 열의가 어설프고 미숙하다 하더라도 부모는 나무라지 말고 그 열의를 지원해 주도록 해야 한다.

그러면 아이는 스스로 걸어갈 길을 걷게 되고 자신이 납득할 수 있을 때까지 집중하며 자주적으로 생각하게 된다. 이것이 바로 창의성의 핵심이다.

말은 끝까지 계속하게 해라

독창적인 사람은 한 가지 일에 열중하게 되면 모든 에너지를 완전히 소모할 때까지 그 일에 매달린다.

지금까지 창의력의 요소를 여러 가지로 설명했지만, '끈기'도 중요한 요소 가운데 하나이다.

여기서 데일리 플라네트의 말을 인용해 보겠다. 아이의 모습을 관찰할 때나 아이가 독창적이고 창의적인 일을 생각할 때 해주면 좋은 말들이다.

"재능이 있어도 목적을 달성하지 못하는 사람도 많고, 세상에서 인정받지 못하는 천재도 많다. 또 공부를 많이 하고도 인생에서 낙오하는 사람들이 많은데, 그것은 결국 끈기와 결심에 달려 있다."

부모는 끈기 있는 아이가 되도록 자녀에게 힘을 줄 수 있다. 아이에게 중요한 일이 생기면 그것을 중간에 포기하지 않도록 지켜볼 필요가 있다. 계속해 나가는 것이 불가능하다고 생각하지 않도록, 또 해결할 때까지 단념하지 않는 것이 중요하다는 것을 충분히 조언해 주어야 한다.

자녀가 아직 어릴 때는 하나의 문제에 끈기 있게 매달리도록 약간의 격려가 필요하다. 부모에게 격려를 받음으로써 아이는 어릴 때부터 목표를 달성하기 위한 길을 걷게 된다.

"퍼즐이 잘 안 되니? 우리 할 수 있을 때까지 끝까지 한번 해보자."

이런 조언이 아이에게는 격려가 된다. 한번 시도해 보고 단념하는 것이 아니라 독창적인 방법으로 해답을 찾을 수 있도록 격려해 주는 것이 좋다.

"넌 해답을 꼭 찾을 수 있을 거야. 이번엔 다른 방법으로 해보면 어떻겠니?"

"유명한 축구선수가 된다면서? 앞으로 30분 동안만 더 연습해봐. 금세 왼쪽 발로 공을 다룰 수 있게 될 거야."

"재즈 학원에는 10주 동안 다니기로 했지? 열심히 해라. 혹시 그만두고 싶은 생각이 들어도 한번 꾹 참고 해보기 바란다."

"테니스를 시작했으면 아무리 재미가 없어도 끝까지 해보렴. 최선을 다하는 것은 테니스에 재능이 있는 것만큼 중요한 일이란다. 더구나 너한테는 테니스에 재능이 있지 않니?"

"잘하고 있구나. 넌 반드시 해낼 거야."

이런 격려의 말은 아이의 창의력 발달에 중요한 영향을 미친다. 그러나 아무리 격려해 주어도 아이가 중간에 포기하고 싶어 할 때가 있다. 그때는 끝까지 자신감을 불어넣어 주며 조언을 해주고, 그래도 안 될 경우에는 그만두도록 한다. 흥미가 없는 것을 억지로 하는 것은 역효과만 날 뿐이기 때문이다.

끈기는 어른이 되어서 중요한 일을 할 때는 물론이고, 앞으로 인생을 살아나가는 데 있어서 매우 필요한 요소이다. 또한 여기서 창의력의 본래의 특색이 발휘되기도 하는데, 일상생활에서 이 끈기를 단련하게 되면 저절로 창의적인 소질이 신장되게 된다. 행동하는 사람이 되라고 격려하면 창의성은 자연히 생겨나는 것이다.

'왜?' 라는 질문은 두뇌를 자극한다

창의적인 사람은 독창성을 발휘하고 독자적인 사고방법을 갖는다. 세계관도 자신의 것을 분명히 가지고 있으며 세상을 단순하게 분류하고 구분하지 않는다.

또 일반적인 통일체도 대립하는 것으로부터 이루어진다고 보고, 세상을 이분법으로 이해하지 않을 뿐만 아니라 대립하고 있는 것처럼 보이는 것이라도 융합한다는 것을 알고 있다.

창의력이 넘치는 사람은 일반적인 생각이 세상을 많이 움직여

나간다는 것도 알고 있으며 진부한 생각을 하지 않는다. 사물에 어떤 이름을 붙인 것만으로 만족하지 않고 사물의 표면에 나타나 있지 않은 내면을 들여다보고 싶어한다. 사물은 완전히 설명될 수가 없으며 지금과는 다른 차원에서 탐구해야 한다고 생각한다.

현대의 심리학에 커다란 공헌을 한 윌리엄 제임스는 천재를 '습관에 사로잡히지 않으며 사물을 파악할 능력이 있는 사람'이라고 정의하고 있다. 습관에 사로잡히지 않고 사고할 수 있느냐 없느냐로 창의력이 있는 사람과 없는 사람으로 구별한다.

독창적인 사람은 보다 많은 것을 알기를 원한다. 그리고 반복해서 '왜?'라는 의문을 던진다. 이 '왜?'에 대해서 부모가 시간이 없다는 이유로 짜증스럽게 대하거나 무성의하게 대답해 버리면 질문하려는 아이의 호기심을 짓밟아 버리게 된다.

아이의 질문을 지나치게 무시해 버리면 아이는 대답을 얻어내려고 다른 수단을 궁리하거나 아니면 지식을 추구하는 열정을 상실하게 된다.

독창적인 사고로부터 비롯된 공상이나 사색은 어른들이 장려해 주어야 한다. 사람은 서로 대조적인 면이 있다는 것을 가르쳐 주고 모든 사물을 대할 때도 하나의 생각으로 규정해 버리지 않도록 해야 한다. 또한 어떤 것을 물을 때 대답을 할 수 없는 경우에는 모른다고 당당하게 인정하는 쪽이 말을 흐지부지하는 것보다 훨씬 낫다.

이른바 전문가의 의견을 그대로 받아들이는 것이 아니라, 자신의 머리로 한 번 더 생각하게 하는 것이다. 남의 의견에 맹목적으로 따르는 것이 아니라 누구에게나 질문하고, 의문이 생기면 그것을 해결해 보려고 노력하는 자세가 되어야 한다.

창의적 사색이란 항상 의문을 갖는 것을 말한다. 부모의 역할은 아이의 의문을 진취적으로 밀어 주거나 단념하게 하는 데 있다. 절대적인 것이라고 일컬어지는 것은 무엇이든 의심하고 부딪쳐 보게 하며 남의 말을 듣고 확인해 보는 것, 자신의 생각에 확신을 갖는 것은 대단히 중요한 일이며 창의력이 만들어지는 첫걸음이 된다.

아이는 24시간 내내 '왜?'를 연발한다. 그때마다 어른이 오히려 아이에게 다시 질문하는 것이 좋다.

"하늘은 왜 푸를까? 하늘은 어디에 있는 것일까?"

바꾸어 말하면, 질문을 이해하고 그것을 스스로 해결하도록 문제를 아이 쪽으로 되돌려 보내는 것이다. 부모가 확실히 알 수 없을 때는 모른다고 솔직히 말하고 아이와 함께 알아보면 된다. 이 과정에서 아이는 어릴 때부터 두뇌에 자극을 받게 된다. 좀더 성장하면 반대 의견도 생각하게 되고 자기 나름대로 진리를 쌓아 나가게 된다.

선생님의 해석을 들어보는 것도 좋으며 전문가에게 질문하고 독자적인 논리를 전개하는 것도 좋다. 호기심을 가지고 넓은 마음으로 생각하며, 전통적인 생각에 구애받지 않고 자기 나름대로 진실을 찾아내려고 할 때 창의성은 커나가게 된다.

3
창의력이 넘치는 아이의 14가지 타입

누구나 잠재력을 가지고 있다

지금까지 창의성의 요점을 설명해 보았다. 아이의 내부에서 그 7가지가 각각 제대로 커나가도록 해주면 "우리 아이는 정말 창의적이다."라고 말할 수 있게 된다.

아이가 그림이나 음악, 또는 문학이나 발명 등을 좋아한다고 해서 창의성이 풍부한 것은 아니다. 창의성은 보통 사람들이 습관의 틀 속에서 생각하고 있을 때, 다른 방법으로 사고하고 사물을 파악하고 있는 것을 말한다.

창의성이 넘치는 아이와 그렇지 않은 아이와는 분명한 차이가 있다. 특정 분야의 창의력을 키우는 특효약을 소개하기 전에 일상생활을 하는 데 있어서 어떤 아이가 창의력을 가지고 있는지 간단히 설명해 보기로 하겠다.

창의적인 아이의 자질 중에는 놀랄 만한 것이 있을지도 모르지만, 다음에 열거하는 것들을 일관되게 볼 수 있다.

창의성이 있는 아이란 4살 때부터 피아노를 배우기 시작했다든가 회화나 클래식 음악에 강한 관심을 나타내는 아이를 말하는 것이 아니다. 또한 창의력이 일찍 나타난다고 해서 무조건 좋은 것도 아니다. 어떤 아이라도 창의적인 잠재력을 가지고 있다. 그 능력을 얼마큼 인정받아 발휘되느냐에 따라 창의적인 생활을 할 수 있느냐 없느냐가 결정된다.

유전, 가계, 경제 상태는 그다지 관계가 없으며, 창의성은 오히려 이런 요소들을 의미 없는 것으로 만든다. 그것은 주로 부모의 자녀에 대한 태도와 자녀가 창의성에 어떻게 대처해 나가느냐로 결정된다.

다음은 극히 일반적이긴 하지만 창의력이 넘치는 아이에 대해 구체적으로 살펴본 것이다.

① 무엇이든 놀이기구로 만든다

창의력이 넘치는 아이는 놀기를 좋아하고 새로운 게임을 생각해 낸다. 새로운 룰을 희희낙락하며 만들어내거나 남에게 어울릴 만한 역할을 생각해낸다. 또한 무엇에 대해서든 질문을 하고 싶어하며 호기심을 멈출 줄 모른다.

낡은 타이어는 당장 그네 시트가 되고, 쓰레기통 뚜껑은 방패가 되고 두 개의 막대기를 못으로 박으면 칼이 되어 금세 아더왕이나 용감한 왕자가 되어 싸움을 시작한다. 우윳병에 약간의 색을 칠하면 인형이 되고 알루미늄 호일이나 컵은 멋진 장식이 되어 마법을 거는 데 쓰인다.

② 어른을 아슬아슬하게 만든다

창의력이 넘치는 아이는 무엇을 하든 좋은 결과를 가져온다는 자신감을 갖고 있다. 60킬로미터 이상 떨어진 곳까지 자전거로 갈 수 있느냐고 물어보면 이렇게 대답할 것이다.

"물론 갈 수 있죠. 가기를 원한다면 가보겠어요."

자신의 잠재 능력에는 한계가 없다는 것을 알고 있으며 필요하다면 실패를 두려워하지 않고 기꺼이 위험을 무릅쓴다. 왜 그럴까? 그것은 마음속에 할 수 있다는 확신이 있기 때문이다.

한 살 반 무렵부터는 침대 가까이에 의자가 있으면 침대에서 의자로 옮겨 뛰려고 하고, 그렇게 할 수 있을 때까지 몇 번씩이고 도전해볼 것이다. 그것은 위험한 일이며 먼 거리를 뛰는 것은 무서운 일이라는 말을 듣게 될 때까지 계속할 것이다.

어른의 양복을 입거나 화장을 하기도 하고, 인형에게 얘기를 걸거나 하는 일도 있을 것이다. 이렇게 머리 속에 떠오른 것은 무엇이든 다 시도해 보려고 한다.

③ 항상 움직이고 싶어한다

창의력이 넘치는 아이는 자신의 아이디어를 검토해 보려고 하지는 않는다. 주의에 주의를 거듭하는 태도가 몸에 붙어 있지 않으며 자꾸만 밖으로 나타내 보려고 한다. 그래서 그것이 어느 정도 맞는 일이면 기꺼이 모험도 무릅쓴다.

피크닉을 가거나 바닷가에서 하루 종일 노는 일, 연식 야구 시합, 생일 파티 등에 대한 기대로 항상 가슴이 설렌다. 방관자가 아니라 어쨌든 움직이고 싶어하는 것이다.

"아직 안 가요? 언제 가요?" 하고 묻고, 기다리고 있는 동안에는 시간을 보내기 위해 게임이나 재미있는 일을 생각해 낸다.

"새로운 노래를 만들자."

"팔씨름은 어떠니? 싫으면 손가락 씨름이라도 하자."

이런 아이들은 적극적으로 행동하기를 좋아하고, 무슨 일이든 조용히 지켜보고 있기보다는 적극적으로 참여하기를 원한다.

④ 텔레비전의 CM송에 열중한다

창의력이 넘치는 아이는 혼자서 공부하거나 일하는 것을 좋아한다. 그래서 이상한 아이라든가 능력보다 낮은 성적을 올리는 아이라고 잘못 말해지기도 한다.

그런가 하면 지나치게 질문을 많이 하거나 가만히 앉아 있지 못하고 남과 다른 행동을 하기 때문에 말썽을 일으키는 아이로 오해받는 경우도 있다. 학급에서 어릿광대라든가 제멋대로 노는 아이라고 불릴 때도 있다. 그런 명칭을 붙이는 것은 대개 창의력이 없는 아이들이다.

창의적인 아이는 극히 좁은 범위 안에서만 흥미를 나타내는 것이 아니라 갖가지 정보 소스에 귀가 열려 있다.

책을 좋아하고 CM송이나 텔레비전에서 본 것에도 열중한다. 어떤 음악이나 다 좋아하고 아장아장 걷기 시작할 때부터 춤을 추거나 말이나 리듬을 흉내낸다. 선악의 판단을 내리지 않고 무엇에나 다 흥분한다.

집 밖에 있는 것에도 무엇이든 관심을 갖는다. 새, 개구리, 곤충, 고양이, 개, 꽃, 바람, 비, 눈 등 모든 것에 마음을 빼앗긴다.

온갖 자연 현상에 의문을 가지고 관찰하기 때문에 시간가는 줄 모르고 자연 속을 걸어다닌다. 이런 아이들의 손은 언제나 새까맣고 깨끗한 상태로 있기가 어렵다. 무엇이든 실험해 보려는 마음이 왕성하기 때문이다.

⑤ 남과 다른 행동을 한다

창의력이 넘치는 아이는 퍼즐, 블록, 미로 찾기 등 오랜 시간이 걸려 완성되는 약간 복잡한 장난감을 좋아한다. 또한 룰을 충분히 파악하지 않은 게임을 해결하는 데도 명수다.

독특한 그림을 그리거나 어떤 이야기를 꾸미기도 하고, 풀이나 종이쪽지나 반짝반짝 빛나는 모조품이나 휴지를 사용해 무엇인가 만들어내기를 좋아한다. 독창적인 아이에게 있어서 휴지통은 휴지통이 아닌 것이다.

흥미가 있는 대상에 대해서는 관련 서적을 몇 권씩이나 읽고

도서관에서 조사하고, 새로운 정보 소스를 찾아내며 전문가로부터 최신의 이야기를 듣거나 하지만, 교과서 뒤에 나와 있는 문제에 대답하는 것뿐인 학교 숙제는 해가지 않는다. 흥미를 느끼는 것에는 끝없이 정력을 쏟지만 누구나 똑같이 하지 않으면 안 되는 흔해 빠진 일에는 참가하려고 하지 않는다.

도전하는 것을 좋아해서 새로운 것을 자꾸 배우려고 한다. 그와 동시에 자신의 독창성을 발휘하지 않으면 성이 차지 않기 때문에 남과 똑같은 취급을 받게 되면 모욕당했다고 생각하여 분노를 폭발시킨다. 이런 아이에게는 그가 좋아하는 실험을 시키고 자기 스스로 해결 방법을 찾아내도록 하는 것이 좋다.

다른 아이와 똑같은 것을 하라고 명령한다면 그런 부모는 자신도 모르는 사이에 문제아를 만드는 것이다.

⑥ 자신의 감정을 즉시 얼굴에 나타낸다

창의력이 넘치는 아이는 모두가 알아차릴 정도로 즉시 자기의 감정이 얼굴에 나타난다. 자신에게 대하는 태도가 마음에 들지 않으면 화를 내기 때문에 어른은 아이의 감정을 정확히 파악할 수 있다.

어릴 때는 자신의 감정을 컨트롤하지 못해서 소리를 지르거나 악을 쓰거나 자주 소동을 일으킨다. 무슨 일에나 민감해서 자신의 감정을 속일 겨를이 없다.

부모에게 안겨 오거나 자꾸만 효도를 하기 때문에, '이런 착한 아이가 되다니 도대체 내가 어떻게 했길래 이러는 걸까.' 하고 부모에게 의아한 마음을 갖게 하는가 하면, 팔을 휘둘러대며 차마 들을 수 없는 말을 외치면서 자기 방으로 뛰어가기도 한다. 한마디로 마음의 상태가 독특한 것이다. 이런 사실을 부모는 항상 염두에 두지 않으면 안 된다.

창의적인 아이는 독창성을 내부에 간직하고 있기 때문에 독특한 생각을 하고 독특한 감정을 가지며 독특한 행동을 취하는 것이다. 바로 이 독특한 감정과 감각이 창의력을 낳는 것이다.

⑦ 기발한 것을 생각해낸다

창의력이 넘치는 아이는 종종 괴짜라고 불린다.

지도 보는 것을 좋아하며 먼 곳에 가보고 싶어한다. 사전을 자주 들춰 보거나 말의 숨은 의미를 충분히 모르면서도 어른들이 하는 말을 쓰려고 한다.

또한 마음껏 요리를 해보라고 하면 흥분해서 뛸 듯이 좋아하며 사람들을 놀라게 할 정도로 새로운 맛, 독창적인 음식을 만들어내기도 한다.

동화를 듣고 난 뒤 이번에는 자기가 직접 이야기를 만들어내기도 하며, 재미있는 동화를 써보라는 격려를 받으면 창의성으로 가득 찬 상상력을 자유롭게 구사한다. 약간 자극을 받으면 공상으로 가득 찬 걸작품이 나오기도 한다.

⑧ 누구와도 즐겁게 논다

창의력이 넘치는 아이는 상황이 변하는 것을 좋아하며 시행착오를 해도 싫증을 느끼지 않는다.

그룹에 들어오라는 권유를 받아도 다수 속에 매몰되거나 하지는 않지만 이웃이나 학교의 각종 소그룹에는 즐겁게 참여하기도 한다. 그룹 안의 동성하고만 사귀는 것이 아니라 누구하고나 잘 어울린다.

호기심이 많아 누구의 일이든, 무엇이든 기꺼이 알려고 하며 새로운 생각이나 새로운 사람들과 많이 접촉한 경험을 바탕으로 10대의 아이로서는 매우 어른스러운 생각을 하게 된다. 또한 편견이 없기 때문에 어떤 사람도, 어떤 생각도 받아들이며 인생과 생활을 사랑할 줄 안다.

⑨ 반대를 무릅쓰고도 시도해 본다

창의력이 넘치는 아이는 부모가 찬성하기 힘든 일이라도 시도해 보려고 할 때가 많다.

그럴 때는 하고 싶은 대로 하도록 내버려두는 것이 좋다. 어쨌든 창의적인 아이는 실제로 시도하고 자기 나름대로 선악의 판단을 내리고 싶어하기 때문이다. 판단 기준은 부모의 정보나 지도가 바탕이 되어 있으나 자기 식의 판단의 척도를 만들고 싶다는 욕구 쪽이 보다 강하다.

부모가 반대하는 일을 해보고 나서 낙담할 때도 있으나 자신이 직접 해보는 기회를 간절히 바라기 때문에 아무리 부모가 반대해도 소용이 없다.

⑩ 부모가 없는 곳에서도 나쁜 짓을 하지 않는다

창의력이 넘치는 아이는 자신의 과오를 즉시 교훈으로 삼아 버린다. 남보다 앞서고 싶은 욕구가 있기 때문에 자신의 무엇을 억제해야 하는지를 잘 알고 있다.

또 성공하여 활력이 넘치는 생활을 하고 싶다는 충동이 매우 강하기 때문에 범죄에 가담하거나 그 밖에 수치스러운 행동은 하지 않는다. 입만 앞세운 사람에게 생활을 좌지우지 당하는 어리석음을 즉시 간파하기 때문이다.

살아남아야 하고 행복하게 살아야겠다는 창의적인 충동은 부모로부터 부여받은 도덕적 교훈을 바탕으로 어려움을 뚫고 나가는 원동력이 된다.

창의력이 넘치는 아이의 선택 기준은 '옳은 일을 해야 한다'라든지 '하나님은 모두 보고 계시다' '성적이 더 중요하다'와 같은 말로 하는 것이 아니라 자신을 개선시키려는 소망이나 남에 대한 애정이 뒷받침되어 이루어진다.

세상의 갖가지 차이에 마음이 끌려 절대로 옳다든가 절대로 틀렸다든가 하는 독단적인 분류에는 찬성하지 않는다. 또 타인과 다르다고 해도 불안을 느끼지 않는다. 자신이 독자성을 지녔으며 특수하다는 것에 긍지를 갖고 있기 때문이다.

⑪ 고집불통처럼 행동한다

창의력이 넘치는 아이는 일단 흥미를 느끼면 멈출 줄을 모른다. 모든 스포츠를 다 시도해 보기도 한다. 자전거를 탈 수 있는 체격이 되면 즉시 연습하고 싶어하며 들어줄 것 같은 사람이면 누구에게나 말을 건다. 그리고 정해진 장소에 알맞은 복장을 하는 따위의 일에는 관심이 없기 때문에 기분에 따라서 단정한 모습을 하거나 단정치 못한 모습을 하기도 한다.

그 반면에 호기심과 집착이 강해서 부모나 선생님이 "내가 이렇게 말하니까 그대로 하라."고 하면 반발심이 생겨 자신의 생각이 받아들여질 때까지 물러서지 않는다. 때로 잠자코 있는 경우가 있을지 모르지만, 그것은 단지 상대가 나이가 많다는 이유로 잠자코 있는 것뿐이며 권위적인 명령을 하는 것에 대해서는 매우 불쾌하게 생각한다.

⑫ 끈기있게 자발적으로 공부한다

창의력이 넘치는 아이는 지식을 늘리거나 문제를 푸는 재미로 공부를 하며, 남에게 인정을 받거나 상을 받는 것이 목적은 아니다. 한 가지 문제에 끈기 있게 매달릴 때는 해답을 찾을 때까지 주위에서 뭐라고 하든 중단하지 않는다. 대답을 찾아야겠다는 마음속의 욕구가 그 어느 것보다 앞서기 때문이다.

선생님으로부터 동그라미를 하나 더 받으려 하지도 않고, 그것을 필요로 하지도 않는다. 선생님도 그런 아이에게 동그라미를 주는 것은 자신의 의무에 지나지 않으며 동그라미를 받았다고 해서 기뻐할 것은 아니라고 생각한다.

선생님뿐만 아니라 청소부 아줌마, 사무원 아저씨, 식당 아줌마에게서도 여러 가지 것을 배울 수 있는 친구가 된다. 이런 아이는 하루 종일 자신의 문제에 몰두해 있으며 선생님이 판에 박은 듯한 태도로 수업을 하여 재미가 없으면 도서관에 가서 책을 찾아본다든지 하여 자기 속도로 지체 없이 앞으로 나가 버린다.

⑬ 서비스 정신이 넘친다

창의력이 넘치는 아이는 유머감각을 가지고 있다. 부모를 잘 웃기기도 하고, 그러한 분위기를 잘 만들어낸다.

자신감이 없는 것을 숨기기 위해 억지로 애교를 떠는 일도 없으며 그룹 속에 끼기 위해 신랄한 농담을 하거나 타인의 결점을 찾거나 하지 않는다. 많은 사람들 가운데서 창의력이 있는 아이만이 그 장소에 없는 사람에 대해서 험담을 하거나 놀려대는 것을 멈추게 한다.

무엇이 인간에게 상처를 입히는가를 이해하기 때문에 다음 기회에는 같은 실수를 하지 않으려고 한층 더 노력한다. 자신이 되고자 하는 목표를 이룰 때까지의 인내력도 갖고 있다.

⑭ 혼자 노는 것을 즐긴다

창의력이 넘치는 아이는 타인의 결점을 찾는 것이 아니라 장점을 찾아내려고 한다. 경쟁을 좋아하지만 상대에게 이기는 것이 아니라 자기가 진보해 있는지 어떤지를 생각하는 쪽에 중점을 둔다. 자신의 용모를 마음에 들어하며 성장함에 따라 용모를 가꾸려고 하지만, 자신의 외모를 엄격하게 채점하지는 않는다. 자기는 중간 키에 중간 체격이고 얼굴도 그렇게 못생긴 편은 아니라고 생각한다.

용모를 가꾸려고 노력하지만 인간은 외모로 판단되는 것이 아니라 행동이나 인격으로 그 가치가 정해진다는 것도 충분히 알고 있다. 독서, 혼자 하는 게임, 조깅, 악기 연습 등 혼자 하는 것을 즐기며 많은 사람들 속에서 어울리며 즐기고 있을 때도 창의력의 불꽃은 마음속에서 불타고 있다.

또한 인생이나 그것에 수반되는 모든 것을 사랑한다. 무엇에든 도전하려고 하지만 자주성을 발휘할 수 있는 경우에만 한정되어 있다.

이런 아이는 부모나 그 방면의 권위자의 눈에는 반역자로 비칠 수도 있다. 그러나 어른이 어떤 눈으로 보든 마음속의 불꽃은 계속 타고 그 빛에 이끌려 전진한다.

창의력이 있는 아이는 부모에게 있어서 큰 두통거리가 되기도 하고, 한편으로는 자랑거리가 되기도 한다.

4
창의력의 싹을 자르고 있지는 않은가?

모든 것이 부모에게 달려 있다

모든 아이들은 무엇인가를 만들어내려고 한다. 그러한 본능을 커나가게 하고 촉진하는 힘은 어머니에게도 있지만 아버지의 역할이 크다. 어른들이 아이의 창의성의 싹을 잘라 버리고 있는 전형적인 예를 들어보기로 하겠다.

자녀의 창의력이 커나가는 것을 방해하는 부모는 아마 없을 것이다. 그러나 자녀와의 상호 관계에 따라 알게 모르게 방해를 하고 있는 경우가 있다. 다음과 같은 예가 바로 그것이다.

● 필요 이상으로 부모에게 의지하게 하여 자주성을 발휘하지 못하게 한다.

● 다른 아이와 똑같은 아이가 되길 바란다. 모든 일에 순응하

도록 하고 유달리 튀어 보이지 않도록 한다. 상식적인 선에서 생각하도록 하며 그 장소에 걸맞지 않는 행동을 했을 때는 남과 비교한다.

● 아이가 질문을 되풀이할 때 그런 의문에 흥미가 없다는 것을 나타내어 질문하는 마음을 짓밟아 버린다.

● 항상 안전한 쪽에 서도록 하며 무슨 일이 있어도 위험은 피하도록 한다.

● 아이에게 책을 읽어 주거나 질문에 대답해 주거나 하는 등 아이와 마음을 터놓고 이야기할 시간을 만들지 않는다.

● 무엇을 하든 언제나 꼼꼼히 하라며 주의를 준다.

● 사실대로 이야기 했는데도 벌을 준다.

● 아이에게 '너는 평범하고 재능도 없고 무엇인가를 이룩할 큰 힘도 없다'고 믿게 만든다.

● 창의성을 발휘해도 비판하여 그에 대한 노력을 억눌러 버린다.

● 정열을 가지고 자유분방하게 자신의 창의적인 흥미를 추구하는 데 도움이 되는, 본보기가 될 만한 사람의 예를 들어주지 않는다.

● 가치가 있는 확고한 의견을 갖기에는 아직 너무 어리므로 자신의 생각을 믿어서는 안 된다고 가르친다.

● 아이의 생활을 항상 감시하고 충고하거나 규칙을 가르치거나 하여 아이가 노는 것을 방해한다.

● 자녀를 얕잡아보고 열등한 인간으로 취급하는 등 언제나 갓난아이를 다루듯이 한다.

● 필요 이상의 장난감을 주거나 비디오게임에 파묻히게 한다.

● 자녀가 심심하지 않도록 부모가 모든 책임을 지고 놀이나 일을 정기적으로 생각해낸다.

● 자녀가 혼자 있고 싶어해도 그 시간을 만들어 주지 않는다.

● 의견 대립이 있을 경우, 아이는 틀리고 부모는 항상 옳다는 태도를 취한다. 또는 아이와 언제나 반대의 입장을 취한다. 자녀에게 자주적으로 생각하지 못하게 하고 대답을 찾지 못하게 한다.

● 자녀를 집안에 가두어 놓고 감시한다.

● 어릴 때부터 단체경기를 시키고 아이가 경쟁하는 것을 보고 기뻐한다.

● 부모를 기쁘게 하기 위해 항상 순종할 것을 가르치고, 윤리관을 키워 주려고 하지 않는다.

● 여러 가지 모험을 해보려는 것을 단념하게 한다. 그 이유는 시행착오를 하면 불쾌한 느낌을 갖게 되거나 트러블에 말려들 뿐이고 부모에게 있어서도 폐가 되기 때문이다.

● 기발한 발명이나 독특한 해결책을 발견했을 때에도 칭찬해 주지 않는다.

● 받아온 상품만을 칭찬하고 그 원인이 된 행동에 대해서는 칭찬하지 않는다.

"와~ 동그라미가 세 개나 되네. 아주 잘했어."

"트로피를 타오다니 굉장하구나!"

"학급에서 1등을 했으니 자랑스럽다."

● 자녀에게 더 이상 성장할 수 없도록 어떤 라벨을 붙여준다.

"너는 몸이 크니까 힘이 세져야지."

"여자아이는 그런 것을 해서는 안 된다."

부모가 아이들의 창의성을 망친다

부모의 자녀에 대한 태도의 이면에는 모두 어떤 심리가 작용하고 있다. 그러나 자녀의 창의성의 싹을 잘라 버리는 부모의 말이나 행동을 고친다면 성장의 모든 단계에서 자녀는 창의력을 더욱 살릴 수 있게 된다.

우선 자녀에 대한 자신의 심리를 파악하고 그로부터 적극적으로 태도를 바꿔나가는 방법을 취해 나가지 않으면 안 된다.

다음은 자녀의 창의력을 신장시키지 않으려는 부모의 심리를 예로 들어본 것이다.

자녀의 창의성에 대한 열망을 최소한으로 제한하고 키우는 쪽이 훨씬 편하다는 사고방식

독특한 행동을 취하는 아이는 관리하기가 힘들다. 아이에게 자주적으로 생각하게 하면 부모가 지금까지 지니고 있던 신념이 흔

들리게 될 것이다. 부모가 말하는 대로 얌전하게 따르는 아이가 개성적인 아이보다 다루기 쉽다.

질문하는 것에 대답하는 것이 귀찮다는 사고방식

특히 3, 4살의 아이가 보는 것마다 모조리 "왜?"를 연발하는 것에 부모는 질려 버릴 때가 많다. 따라서 질문하지 말라고 하면 아이를 그런 질문으로부터 차단시킬 수 있고, 대부분의 질문에 대답하지 않아도 된다.

창의적인 아이로 키우는 것은 신체적으로도 부담스럽다는 사고방식

창의성이 있는 아이는 에너지가 넘쳐서 무엇이든 알고 싶어하고, 무엇이든 다 하고 싶어한다. 아이가 지칠 줄 모르게 흥미를 추구하기 때문에 부모는 이내 지쳐 버린다.

따라서 아이 혼자서 마음대로 탐구하게 하지 않으며 부모의 주위에서 힘차게 뛰어다니는 것도 장려하지 않는다. 그 결과 부모는 무리하게 에너지를 긁어모을 필요가 없어지고 아이도 일시적으로 얌전해진다.

우리 집 아이만은 괴짜가 되어서는 안 된다는 사고방식

우리 아이도 다른 아이들과 똑같이 자라면 된다. 모차르트가 될 수 있다면 문제가 다르지만 어차피 평범한 사람이 될 것이므로 엉뚱한 일에 에너지를 낭비하지 않는 것이 현명하다.

창의력에 대한 열망을 가라앉히고 다른 사람과 똑같이 살아나가는 요령을 배우면 된다. 남과 다르지 않은 일을 하고 사이좋게 지낸다면 살아나가는 데 걱정이 없을 것이다.

창의적인 아이로 만드는 것은 제멋대로 키우는 것과 마찬가지이기 때문에 결국에는 문제만 일으키는 아이가 되고 말 것이라는 사고방식

이 논리는 자녀가 지나치게 치우치는 것을 막는 데는 유효하지만 다음의 사실을 무시하고 있다. 세상을 조금이라도 살기 좋은 곳으로 만들려는 사람은 남과 똑같이 생각하거나 행동하지는 않는다는 사실을 잊고 있는 것이다.

아마 이렇게 반론을 제기할지도 모른다.

"우리 집 아이가 세계를 바꾸는 것을 원치 않아요. 다만 주위 사람들과 원만하게 살아나갈 방법을 배웠으면 해요. 소위 창의적인 인간, 그러니까 묘하게 비뚤어진 인간이 되는 것을 원하지 않는다구요."

언제까지나 부모를 의지해 주었으면 좋겠다는 사고방식

누군가가 자신에게 의지하고 있음으로 해서 자신이 타인에게 필요한 존재라는 느낌을 갖는다. 이것이 강한 동기가 되어 부모는 자녀가 자주적으로 행동하는 것을 방해한다.

자녀가 자신의 생각이나 행동에 부모를 필요로 할수록 부모는 자만심을 가지고 부모로서 훌륭한 일을 하고 있다고 우쭐해한다.

그리고 자녀가 천부적인 창의력을 발휘하는 것을 보면 말썽이 일어나는 것은 아닐까 하고 걱정을 한다. 그래서 될 수 있는 한 오랫동안 아이를 응석받이로 키우려고 한다.

창의력이 넘치는 아이는 어른이 되면 쓸모 없는 인간이 되기 때문에 가난 속에서 일생을 보내게 된다는 사고방식

"예술가 타입을 몇 사람 보아 왔지만, 모두 히피가 되고 결국에는 생활보호를 받게 되더군요. 우리 집 아이에게는 어떻게 하면 돈을 벌 수 있는가를 가르쳐주고 싶어요. 아직 너무 어려서 자기 일을 모르고 있지만, 처음부터 한 가지 일에 능숙해지도록 실제적인 훈련을 쌓게 할 생각이에요. 그렇게 하면 평생 직장은 확실히 가질 수 있을 테니까요."

어릴 때부터 창의성을 지나치게 많이 갖지 않도록 하는 것이 부모로서는 오히려 안심이라는 사고방식

자녀의 행동을 파악하고 모든 움직임을 쫓고 세밀하게 감시할 수 있다면 아이가 말썽거리에 휘말려 들어가는 것을 막을 수 있을 것이다. 아이가 어디서 무엇을 하고 있는가를 알고 있으면 걱정하지 않아도 된다.

자녀가 안전하면 부모도 안심이고, 온순한 아이로 키울 수 있으면 부모는 편안해진다. 따라서 힘든 자녀 양육의 일을 될 수 있는 대로 간단하게 하려고 한다.

5
창의력을 최대한으로 키우는 대화법

　주의해야 할 점은 결코 자녀의 응석을 받아 주면서 자녀의 머리에 떠오르는 생각대로 제멋대로 행동하게 내버려두라는 것은 아니라는 사실이다.

　창의성이 있는 아이는 응석받이나 제멋대로인 아이가 아니다. 창의성은 아이에게 일종의 자기 단련을 가하는 것이지만, 단정하게 행동하는 것은 부모를 기쁘게 해주기 위해서가 아니라 생활해 나가는 데 있어서 가장 효과적인 방법이기 때문이다.

　창의적인 생활을 할 수 있도록 부모가 옆에서 도와주면 아이는 주위에서 일어나는 일을 능숙하게 처리할 수 있게 된다. 창의성은 무책임한 것이 아니라 타인의 평판에 신경 쓰지 않고 모든 문제나 행동에 자신의 생각이나 취향을 살리는 것이다.

　부자가 되면 인생에 성공한 것이라고 생각하고 있는 사람이 많다. 이 논리는 반드시 옳다고만 할 수 없다.

여기서 말하는 참다운 성공자란 경제나 그 밖의 상황이 어떻게 변하더라도 생계를 유지해 나가는 요령을 알고 있는 사람이다. 그들은 인생에 어떤 어려운 일이 닥치더라도 성공한 것처럼 행동하고 독창성을 발휘한다.

만일 그의 전 재산을 몰수하고 다른 도시나 외국으로 강제 이주시켰다 하더라도, 그는 자신의 능력의 축적을 믿고 행동을 개시할 것이다. 성공한 사람은 예외 없이 창의적인 인간이다. 그는 자신을 깊이 탐구하면 할수록 독창성을 더욱더 발휘하게 된다.

여기서 독창성에 대해 착각하지 않도록 주의해야 한다. 성공한다는 것은 반드시 큰돈을 버는 것이 아니라는 점이다. 그것은 성공의 한 부분에 지나지 않는다.

진정으로 성공하는 것은 어떤 일을 하더라도 창의성이 자연스럽게 나타나는 것이어야 한다.

자녀를 도와주기 전에 열까지 세라

자녀에 대한 인내력을 매일 높여가기 바란다. 그리고 자녀에게는 부모가 자기 대신 생각하고 행동해 줄 것이라는 마음을 갖지 않게 하고, 자녀 자신의 세계관을 기준으로 생각하고 행동하도록 가르쳐야 한다.

창의성이란 본래 자주적으로 생각한다는 뜻이다. 부모가 자녀에게 간섭하기 전에 마음속으로 열까지 헤아릴 줄 아는 인내력이 필요하다. 아이가 스스로 해결할 필요를 깨달을 때까지 몇 초만 기다리기 바란다.

예를 들어 2살 난 아이가 퍼즐을 잘 못하고 있다고 해도 스스로 잘할 때까지 부모는 마음속으로 열까지 세고 아이가 어떻게 해결하는지 지켜보는 것이 좋다. 그렇게 하면 아이는 적어도 그 시간만큼은 자기 혼자서 해볼 기회를 갖는 것이다.

4살 난 아이가 고집을 부리며 자전거를 뒤에서 타려고 한다고 하자. 이때도 부모는 올바로 고쳐 주려는 마음을 억제해야 한다. 그러면 아이는 자신에게 맞는 독특한 자전거 타는 방법을 찾아낼 것이다. 의지하는 마음이 아니라 창의성을 기르는 방향으로 이끌어 가게 되는 것이다.

10살 난 아이가 선물을 싸고 있다고 가정할 때, 리본이 비뚤어졌다 하더라도 잠자코 열까지 세고, 포장을 하기 위한 창의력을 키울 시간을 만들어 주며 그 노력을 칭찬하는 것이 좋다.

14살 난 아이가 국어 숙제로 첫 작문을 썼을 때도 단어의 사용법을 말해 주지 말고, 자기 식의 방법으로 발전시켜 나가도록 격려하는 것이 좋다.

17살 난 자녀가 노래를 잘 못 부르고 있을 때라도 부모는 틀린 것을 지적하기보다는 잠자코 있는 것이 좋다.

자녀에게 "이렇게 생각하면 어떨까?"라든가 "이렇게 하면 좋겠는데." 하고 말하는 것은 삼가야 하며, 아이가 어쩔 줄 몰라서 당황하고 있을 때라든가 도움을 청했을 때만 도와주는 것이 좋다. 아이가 무엇인가를 물어오면 이렇게 해보기 바란다.

"넌 어떻게 생각하니?"

"네 의견은?"

"넌 어떻게 하고 싶은데?"

아이 자신의 의견이나 해결법에 가치가 있으며, 부모와 의견이 달라도 자기 식의 방식을 선택하는 것이 좋다는 것을 강조한다.

다른 아이와 비교하는 꾸중은 피해라

아이 스스로 독자성을 발휘하도록 하는 것이 좋다. 다만 그저 반항하기 위해서 세상의 흐름을 쫓지 않는 것은 참다운 독자성이 아니다. 일부러 남과 다른 행동을 취하려는 것은 아직 타인의 행동에 좌우되고 있는 것이다. 창의적인 무한계 인간은 타인의 생각이나 행동에는 관심을 보이지 않고, 자신에게 있어서 가장 효과적이라고 생각되는 방법만을 취한다. 따라서 부모는 아이를 다른 아이들과 비교하는 습관을 고쳐야 한다.

창의성을 장려하는 예와 순응성을 장려하는 예를 좀더 자세하게 비교해 보기로 한다.

"왜 넌 다른 아이와 똑같이 할 수 없는 거지? 시간에 맞춰서 숙제를 빨리 하도록 해라." (순응성)

"네 방식대로 하면 항상 숙제가 늦어져서 너 자신도 곤란할 거다. 너도 물론 고민하고 있을 테지?" (창의성)

"네 동생은 아버지를 속상하게 한 적이 없다. 그런데 넌 왜 이렇게 다르냐?" (순응성)

"너는 말다툼을 좋아하는 것 같구나. 말다툼해서 득이 되는 일이라도 있니? 싸움하지 말고 좀더 사이좋게 지낼 방법은 없는지 한번 생각해 봐라." (창의성)

"잠시 주위를 둘러보렴. 넌 다른 사람과는 다른 일을 하고 있지 않니?" (순응성)

"다른 사람과 똑같이 해서는 재미가 없으니까 네 식대로 하고 싶어한다는 걸 나도 잘 알고 있다. 그러나 그 방법이 과연 너한테 도움이 될까?" (창의성)

"불평을 하는 것은 너뿐이야." (순응성)

"무엇이 마음에 안 들어서 그러니?" (창의성)

"우리 집에서는 항상 이렇게 해왔단다." (순응성)

"좀더 좋은 방법으로 해보려고 하는 것이란다. 네 생각을 좀 말해 보렴. 우리들도 해볼 테니까." (창의성)

"유독 너만 다르게 하고 있는 것 같지 않니?" (순응성)

"자신의 생각대로 해보는 것은 매우 좋은 일이란다." (창의성)

부화뇌동 격으로 아무런 주관 없이 남의 의견만 따르는 따위의 얘기는 삼가도록 한다. 남과 맞추고 남이 하는 것처럼 행동하도록 설득하는 것이 아니라 자신의 행동을 반성하게 하고 자신에게 도움이 되는지 어떤지를 잘 검토하게 하는 것이 좋다. 그리고 이런 말을 잊지 않도록 한다.

"다른 사람과 똑같이 한다면, 우리는 아마 일생 동안 아무 일도 할 수 없을지도 몰라."

끈질긴 질문은 부모의 관심을 끌려는 증거다

아이가 자주 질문을 할 때 부모는 그 끈질김에 특별한 방법으로 대처하도록 해야 한다.

아이의 질문에 관심이 있다는 것을 나타내기 위해서는 될 수 있는 대로 대답을 해야 한다. 하지만 '왜?' 라는 질문에 자세한 대답은 필요 없다. 아이는 다만 어른의 주목을 끌어보기 위한 것으로 대답해 줄 마음이 있는지 없는지를 알고 싶을 뿐이다.

"나는 어디서 왔죠?" 하고 물어본 자녀의 말만 머릿속에 기억해 두면 된다.

질문을 받은 아버지가 대답이 정확한지 어떤지 불안해하면서 성행위나 생식기나 임신에 대해 자세히 얘기해 주었다고 하자. 아버지의 말에 아이는 다음과 같이 얘기할 수도 있다.

"성에 대해서라면 저도 전부 알고 있어요. 아빠, 친구인 빌리는 클리브랜드에서 왔다고 하던데, 저는 어디서 왔죠?"

아이에게 상세한 설명을 해줄 필요는 없다. 아이는 다만 질문하는 것이 재미있고, 자신의 질문이 묵살당하지 않는다는 것만 알면 충분한 것이다.

너댓 번쯤 '왜?'가 계속되면 나는 이렇게 되묻는다.

"왜 그럴까? 혹시 너는 이미 알고 있는 거 아니니?"

좋은 대화는 아이의 호기심을 상승시킨다. 부모가 아이를 무시하기 시작하면 어릴 때부터 질문을 아예 하지 않게 된다. 그렇게 되면 창의성은 짓눌려 버린다. 또한 부모가 탐구심이 없으면 창의적인 자녀와 원만하게 생활해 나갈 수가 없게 된다.

매일 몇 분이라도 1대1의 관계로 이야기를 들어 줘라

아무리 바쁘더라도 하루에 몇 분은 시간을 쪼개어 자녀의 이야기를 들어 주는 것이 필요하다.

자녀가 한 명이 아닐 때는 한 사람 한 사람에게 각각 시간을 쪼개야 한다. 자녀가 아직 어리면 하루 몇 분 동안 그림책을 보여주고, 무엇이 그려 있는지 함께 이야기를 나누는 것이 좋다.

창의성이 풍부한 아이는 예외 없이 책을 좋아하며, 또 책을 읽으면 창의력이 일찍부터 발달한다.

아장아장 걷기 시작한 아이와는 손을 잡고 이야기를 하면서 산책을 나가는 것도 좋다. 또 자기 전에 단 몇 분이라도 아이와 함께 앉아 그날의 사건이나 머리에 떠오른 것들을 이야기해 보는 것도 좋은 방법이다. 아이가 흥미를 갖고 있는 것이나 생각, 불안, 근심, 좋아하는 것 등 무엇이든 함께 이야기를 나눈다.

하루에 단 몇 분이라도 좋다. 이렇게 함으로 하루 단 몇 분이라도 자녀와의 멋진 관계가 생기게 된다. 10살 된 아이하고든, 걸음마를 겨우 시작한 아이하고든 잠시라도 함께 하여 아이의 생활을 이해하려고 노력하는 것은 매우 중요한 일이다.

그렇게 하면 부모가 자신을 소중히 생각하고 있으며 마음에 품고 있는 일이나 독특한 창의성을 인정하고 관심을 갖고 있다는 것이 아이에게 전해진다.

여기에서 꼬치꼬치 캐묻지 않고 아이의 생각을 알려면 어떻게 해야 하는지, 다음의 사례를 통해 살펴보기로 한다.

"오늘 학교에서 무엇을 했니?"

"학교에서는 누구를 제일 좋아하니?"

"선생님이 네 이름을 부르면 겁이 나니?"

"나눗셈이 좀 어려우니, 일찍부터 공부해 보는 건 어떨까?"

"학교에서는 공부 잘하고 있니?"

"오늘 그애와 노는 건 재미있었니?"

"내일도 오늘처럼 그네 놀이 할 거냐?"

"무엇을 제일 하고 싶니?"

"오늘은 좀 불안해하고 있는 것 같구나. 괜찮겠니? 병원에 계신 할머니 걱정은 하고 있니?"

부모는 자녀의 이야기를 항상 들어주는 쪽이 되어야 한다. 자녀의 개성에 맞춘 생활을 부모도 함께 즐기며, 말하고 싶은 것을 자유롭게 말하게 하고 그들에게 부모가 주의를 기울이고 있다는 것을 전하도록 하자. 이 '듣는 쪽'이 되어 주는 테크닉을 사용하면 부모는 충고를 하기만 하는 권위적인 역할로부터 벗어날 수 있고, 자녀는 자신에 대한 전문가가 될 수 있다.

감독하고 식사를 챙겨 주고 시중을 드는 대상으로 자녀를 보고 있는 것이 아니라, 무엇과도 바꿀 수 없는 인간으로서 소중하게 생각하고 있는 부모의 마음이 통하게 된다. 아이는 자신의 개성을 자각할수록 더욱더 독자성을 발휘하게 된다.

능숙하게 하는 것보다 자기 식으로 하는 것을 칭찬해라

될 수 있는 한 아이의 자주성을 인정해 주는 것이 좋다.

아이가 그림을 그릴 때, 테두리에 삐져 나가지 않도록 색을 칠하게 할 필요는 없다. 자기 마음대로 그리게 하여 예술적인 감각을 자유롭게 발휘하도록 해야 한다. 남의 동의를 구해 가면서 예쁘고 꼼꼼하게 그리는 것과 창의성과는 거리가 멀다는 것을 알아야 한다.

처음에는 자유롭게 그리게 하고, 다음에는 색의 배합을 외우는 동안 어떻게 칠하면 자기가 생각한 대로 그릴 수 있는지 체득해 나가는 것이 창의력을 키워 나가는 방법이다.

어릴 때부터 작품에 점수를 매겨서는 안 된다. 그보다는 어떤 형식이든 자기 생각대로 자기를 표현할 기회를 갖게 하는 쪽이 훨씬 중요하다.

아이의 그림을 채점하거나 비평하는 것은 단적으로 말해서 같은 나이 또래의 아이와 비교하거나 타인이 만든 기준에 맞느냐 아니냐를 따지는 것이다. 그렇게 되면 결국 창의성을 상실하게 되고 상상력을 짓밟아 버리게 된다.

부모로서 꼭 명심해 두어야 할 것은, 창의란 자신의 생각대로 만들어내는 자유가 인정되고 있는 상태를 가리키는 것이다. 자기 식으로 표현할 수 있는 자유가 있지 않으면 안 된다.

아이가 강요를 당하고 있다거나 평가당하고 있다고 느끼면 부모가 원하는 대로 그래서 부모를 기쁘게 해주어야 한다는 생각 때문에 자기 표현의 노력을 하지 않게 된다.

창의적인 사람은 결코 폐쇄적인 생활을 하지 않는다. 자기 식으로 일을 진행시키고 새로운 일을 개척하려고 하며 어릴 때부터 이러한 새로운 시도를 계속한다. 그것은 부모한테 인정을 받기 위해서 뿐만 아니라 그 자체가 가슴 뛰는 듯한 경험이기 때문이다. 따라서 크게 칭찬을 받으면서 자기 나름대로의 방법을 체득해 나가는 것이다.

이것은 일상 생활의 모든 행위에 대해서도 적용이 된다. 부모로서는 아이가 놀고 있을 때 룰을 강요하지 말고 자기 스스로의 룰을 찾아내도록 하며 힌트를 주지 않도록 해야 한다. 친구나 형제들과 사이좋게 지내는 방법을 몸에 익히는 것도 창의적 행위의 하나이다.

또 한 가지는 자신의 생각을 글로 써보게 하는 것이다. 이때도 시키는 대로 판에 박은 듯한 표현법을 쓰지 않도록 한다. 자기 식으로 쓰면 남에게 인정을 받지 못하고, 평가도 처져서 당장은 발전할 수 없을지도 모른다. 그러나 작가는 자신의 말을 생각해내고 살아 숨쉬는 듯한 표현법을 새롭게 연구하여 자신만의 세계를 만들어내는 사람들이다.

글을 쓰거나 그림을 그리거나 무엇을 하든지 룰을 습득하지 않으면 안 되지만, 그 룰에 지배당해서는 안 된다.

창의력이 풍부한 사람은 일반 사람과 같은 규칙으로는 다스릴 수 없다. 그 점이 바로 창의적인 사람과 다른 사람의 차이점이다.

자녀에게 규칙을 어겨도 좋다고 인정하고 시행착오를 체험하게 하며 자기 식의 독특한 방법을 시도하게 하면 창의력은 뻗어나간다. 자신의 길을 가려고 할 때 원점으로 되돌아오는 경우도 있지만, 어릴 때부터 칭찬 받고 격려 받으며 자란 아이는 늘 자신감을 갖게 된다.

각 분야에서 창의력이 넘치는 사람을 기념하는 동상은 수천 개가 되지만 비평가를 찬양해서 만든 동상은 나는 한 번도 본 적이 없다.

당신의 자녀는 천재로 태어났다

부모는 자녀가 지닌 위대한 힘을 인식하면서 아이를 키워야 한다. 무한한 능력을 발휘하는 인간이 되기 위한 장해 요인은 사실 본인의 마음속에 있다. 자신이 선택한 길에서 성공할 능력이 자신에게 구비되어 있다는 자신감을 갖지 않으면 안 된다. 역부족이 아닐까 하는 자기혐오에 빠지지 않도록 부모는 자녀의 잠재 능력을 최대한으로 이끌어내는 강력한 보조 역할을 해야 한다.

모든 아이는 천재로 태어났다. 자기 속에는 커다란 힘이 있다는 신념을 바탕으로 목표를 정하기 바란다. 어떤 목표라도 달성할 수 있는 능력을 지닌, 무엇과도 바꿀 수 없는 존재가 바로 어린이인 것이다.

자기 속에 있는 커다란 힘을 경험할 수 있도록 격려하는 부모의 태도와 그 힘이 없는 것이 아닐까 하고 불안하게 만드는 부모의 태도를 비교해 보자.

불안하게 하는 예 : "시험공부를 열심히 하지 않는 것 같구나. 혹시 다른 생각에 빠져 있는 건 아니니?"

격려하는 예 : "집중하면 무슨 일이든 할 수 있단다. 물론 열심히 하지 않으면 안 되겠지만, 네가 계속 희망하는 한 무엇이든 할 수 있을 거야."

불안하게 하는 예 : "10킬로미터 경주에 나가기에는 아직 너의 몸이 너무 작아. 좀더 자란 다음에 뛰어보는 게 좋겠다."

격려하는 예 : "10킬로미터 경주를 해볼 생각이라면 해보기 바란다. 정말로 열심히 연습하면 무슨 일이든 해낼 수 있단다."

불안하게 하는 예 : "네가 암 치료법을 개발할 수 있으리라고는

도저히 상상이 안 되는구나."

　격려하는 예 : "암 치료법을 개발할 수 있는 사람이 있다면 그
것은 바로 너일지도 몰라. 너는 머리도 좋고 끈기가 있으니까 해
낼 수 있을 거야."

　불안하게 하는 예 : "배우가 되는 건 대단히 어려운 일이야. 몇
백만이나 되는 배우가 실업 중에 있단다. 너는 어림도 없어."

　격려하는 예 : "배우가 좋다면 해보렴. 너는 재능도 있고 결심
도 굳으니까 틀림없이 훌륭한 배우가 될 수 있을 거야."

부모의 칭찬이 재능의 싹을 자라게 한다

　칭찬할까 트집을 잡을까 망설일 때는 칭찬을 해야 하며 그것도
자주 칭찬해 주는 것이 좋다.

　창의력이 넘치고 발랄한 아이가 되기를 바란다면 될 수 있는
한 칭찬을 많이 해주기 바란다. 특히 갓난아이에게는 몇 시간마
다 예쁘다고 말을 걸어 주어야 한다. 꼭 끌어안고 그 아이가 훌륭
하다는 것을 계속 이야기해 주면 된다.

　처음에는 어려울지 몰라도 어릴 때부터 습관을 들이고 나면 아
무것도 아니다. 연구에 의하면 생후 며칠 안 된 갓난아이라도 칭
찬이나 애정에는 반응을 나타낸다고 한다.

　계속 칭찬을 받은 아이는 성장함에 따라 자신의 가치를 인식하
게 되고 평생을 통해 창의적인 연구심을 불러일으키게 된다. 자

녀가 자신의 그림이나 글을 보여주면, 부모는 우선 비판하기 전에 뭔가 칭찬할 점을 찾아내는 것이 좋다.

"와~ 굉장하다! 네 또래의 아이들 중에는 글을 한 줄도 못 쓰는 아이가 많이 있다는데 너는 이야기까지 지어냈구나. 정말 대단하다! 이 글 속에는 네 감정이 잘 나타나 있는 것 같아. 이 다음에 커서 작문반에 들어가면 훌륭한 문장을 쓸 수 있겠다. 그런데 엄마가 조금 고쳐 주어도 되겠니?"

처음에는 우선 칭찬을 하고, 그 다음에 고쳐 줘도 되겠느냐고 물어보는 것이 좋다. 먼저 철자법이 틀렸다든가 아홉 살이나 됐으면서 문법이 잘못된 곳이 많다고 말하는 것보다 그 쪽이 훨씬 낫다.

칭찬을 들으면 아이는 더욱 창의력이 넘치는 탐구에 덤벼들게 되지만, 결점만을 찾으면 아무것도 할 의욕이 생기지 않는 법이다. 될 수 있는 대로 결점을 지적하지 않도록 해야 하지만, 작품을 비판할 때는 우선 아이가 그것을 원하고 있는지 아닌지를 미리 반드시 확인해야 한다.

나는 초등학교 3학년 때의 음악 선생님의 말씀을 지금까지도 기억하고 있다.

"웨인, 음악회 때는 그냥 입만 뻥긋뻥긋 하고 있으면 돼. 너에게는 음악적 재능이 없으니까 말이다. 음악회를 망치면 큰일이지 않겠니?"

30년 이상이 지난 지금도 그때의 말 한 마디 한 마디를 나는 전부 기억하고 있다. 그 뒤 나는 음악에 대한 흥미를 완전히 잃어버리게 되었다.

음악 선생님이 내린 나의 3학년으로서의 능력 평가는 옳았을지 모르지만, 장차 변화될지도 모를 재능까지도 예상할 수 있는 인간은 이 세상에는 없는 것이다.

아이의 창의성에 대한 잠재 능력은 문자 그대로 한이 없다. 그러나 하나의 영역을 끝까지 추구하려는 희망은 심한 비판을 받으면 영구히 상실되어 버린다.

설사 그 점에 있어서 아이의 재능이 제로라 하더라도 아이가 한 일을 크게 칭찬해 주지 않으면 안 된다.

더구나 창의성은 함부로 평가할 수 있는 것이 아니다. 인생에 있어서 창의성이야말로 어릴 때부터 부모가 적극적으로 키워 주지 않으면 안 된다.

갓난아이 말투로 말하지 마라

건전한 창의성을 갖게 하기 위해서는 갓난아이와 같은 말투로 이야기를 해서는 안 된다.

어리다는 이유로 얕잡아 보는 듯한 태도로 이야기를 하는 것은 아이에게 자신감을 잃게 하는 원인이 된다. 자신감을 상실한 아이는 자기가 독창적인 일을 할 수 없다고 생각하기 때문에 개성이 요구되는 일에는 도전을 하지 않게 된다.

한 살 된 아이에게, "아빠에게 담요 좀 가져다줄래? 착하지." 하고 말한다 해도 아이는 그것을 완전히 이해할 수 있다.

마찬가지로 아이가 틀린 말을 쓰고 있는데도 귀엽다는 생각에 되풀이해서 흉내내는 것은 삼가야 한다. 인생을 많이 산 사람에게 이야기하듯 하는 것이 좋다. 보통 때처럼 상냥하고 즐겁게 얘기하면 아이는 어른의 말을 무엇이든 알고 있으므로 '쉬쉬, 왕왕, 붕붕' 하는 말들을 언제까지나 쓸 필요가 없다.

어느 정도 아이가 큰 다음에라도 얕잡아 보는 태도로 이야기하는 것은 피해야 한다.

내가 초등학교에 다닐 때 항상 학생을 업신여기는 태도로 이야기하는 선생님이 있었다.

"왜 그렇게 죽도 못 먹은 사람 얼굴을 하고 있니?"

무엇이든 이런 투였다. 학생을 업신여기는 듯한 말의 효과는 의욕을 떨어뜨릴 뿐이었다.

아이의 나이가 몇 살이든 간에 상대를 얕잡아보는 듯한 말투를 쓰면 유능한 인간으로 성장하고 싶은 아이의 의욕은 시들어 버린다. 어린아이에게 대하는 것처럼 말하게 되면 언어의 의미를 알고는 화를 내게 되며 자신감도 상실해 버리게 된다. 그것은 12살이든 16살이든 마찬가지다.

아이들은 분별력 있는 어른이나 창의력이 넘치는 중요한 인물이 된 것 같은 느낌을 갖고 싶은 것이다. 그렇기 때문에 어른의 말을 이해 못하는 듯한 취급을 받으면 짜증을 내고 의욕을 상실해 버린다. 어른이 친구를 대하듯 아이에게 말을 한다면 아이의 창의성 발달을 방해하지 않을 수 있을 것이다.

놀이도구는 모자란 듯한 것이 좋다

아이의 창의력 발달을 촉진하고 싶으면 집안을 온통 장난감 투성이로 만들지 말고, 바깥 세계를 탐험할 기회를 늘려 주는 것이 좋다.

아이에게 하루 종일 장난감만 갖고 놀게 하면 창의성이 풍부한 독자적인 상상력을 발휘하지 못한다. 그러므로 아이가 금세 그것에 적응하게 되는 싸구려 장난감을 사주는 대신에, 자신의 놀이를 스스로 만들어낼 시간을 마련해 주기 바란다.

텔레비전을 끄고 집 밖에서 실생활을 체험하게 하자. 하루 종일 놀이도구나 텔레비전에 매달려 있으면 아이는 감수성을 잃게 되고, 자신의 생활을 재미있고 즐거운 것으로 만들기 위해 남의 힘에 의지하게 된다.

날마다 텔레비전만 보고 있는 아이는 텔레비전 앞에 앉아 있기만 하면 지루하지 않다고 믿게 된다. 하지만 실제로는 텔레비전이 권태의 원인인 것이다. 창의성이 풍부한 아이는 자신의 요구를 소중히 하는 습관이 있어서 절대로 지루해하지 않는다.

장난감의 효능은 인정하지만 창의력의 근원은 되지 않는 경우가 많다. 장난감을 능숙하게 다루거나 스스로 그것을 만들 수 있느냐 없느냐로 아이의 창의성은 진가가 밝혀지는 것이다.

완구를 살 때는 최대한 창의성을 발휘할 수 있는 것으로 골라야 한다. 자신의 집을 만들 수 있는 통나무나 블록, 창의성을 발휘할 수 있는 그림도구나 흑판, 창의성을 자극하는 퍼즐이나 책, 이런 것들을 자녀에게 사주는 것이 좋다. 부모가 창의성을 최대한으로 발휘하도록 장난감을 고르고 결정하는 것만으로도 자녀의 창의력은 크게 달라진다.

자녀의 따분해하는 모습에 신경 쓰지 마라

아이에게 스스로 여가를 보내는 방법을 찾아낼 기회를 만들어주는 것이 좋다.

하지만 아이가 항상 취미를 즐기는 생활을 하느냐 하지 않느냐까지 어른이 책임질 필요는 없다. 부모의 책임은 될 수 있는 한 아이가 스스로 취미를 찾을 수 있도록 도와주면 된다.

아이가 따분하다고 불평을 해도 자기를 즐겁게 하는 모든 책임을 부모에게 떠넘기려고 하는 작전에 말려들어서는 안 된다. 그것은 부모의 의무가 아니라고 딱 잘라 말하는 것이 낫다. 아이의 작전에 말려들지 않으면 아이는 곧 스스로 연구를 시작하고 창의력을 신장시키게 된다.

나는 아이들과 놀지 않으면 안 된다는 의무감을 느낀 적이 한 번도 없었다. 함께 노는 것은 좋아하지만 부모에게나 자녀에게나 선택의 자유는 있는 것이다.

나는 집에 앉아서 체스를 두는 것이 별로 흥미롭지 않지만 아내는 무척 좋아하기 때문에 아이는 아내와 체스나 실내 게임을 하며 즐기고 있다. 나는 아이와 레슬링을 하거나 공 던지기를 하거나 독서를 하거나 오토바이를 타고 들판에 나가거나 점심을 먹으러 나가는 것 등을 좋아한다.

우리 가족은 자기가 싫어하는 게임을 남이 같이 해야 한다고 생각하지 않는다. 아이도 자기는 싫지만 아버지를 위해 때로는 같이 게임을 즐기기도 한다. 그러나 싫은 일이면 흥미를 가질 수 없다고 분명히 말하고, 자기가 좋아하는 것을 한다. 부모도 같은 권리를 갖고 있다고 생각한다.

아이와 함께 무엇인가를 할 때는 부모가 함께 즐기지 않으면 의미가 없다. 그러나 부모가 자녀의 생활을 즐겁게만 해주는 존재는 아니라는 것을 분명히 말하는 것이 좋다.

혼자 있고 싶어하면 자화상을 그리는 것이다

아이에게 혼자서 무엇을 만들거나 생각하거나 그냥 앉아 있거나 그 밖에 무엇이든 좋아하는 것을 하도록 장소를 확보해 주도록 하자. 독창적인 사람에게는 프라이버시가 필요하다.

"무슨 일로 혼자 있는 거니?"

"왜 여러 사람과 얘기하지 않는 거지?"

"아빠한테라면 얘기할 수 있겠지?"

이런 식으로 질문 공세를 퍼붓는 것은 좋지 않다.

부모들이야 애정에서 나온 것이지만, 아이 쪽에서는 부모의 쓸데없는 간섭을 받지 않고 이것저것 생각하고 싶은 것이 있다.

자녀가 부모에게 무엇이든 다 얘기해야 한다고 주장하거나 자녀가 외출할 때 몰래 소지품을 검사하는 것은 창의성 육아법의 대원칙에 위반된다.

아이들에게는 프라이버시가 필요한 것이다. 권위를 앞세운 듯한 감시를 받지 않는 자신만의 장소가 필요하다.

개성을 키우는 데 도움을 주고 싶으면 혼자 있고 싶다는 희망을 거부 반응이라고 해석하지 않기 바란다. 고독해지고 싶다는 희망은 정상적이고 건강한 사고이기 때문이며 성장에 필수적인 것이다.

아이들은 다른 사람으로부터 '무엇을 하고 있느냐'라든가 '컨디션은 어떠냐' 하는 간섭을 받지 않고 사색에 잠길 시간이 필요하다. 자신의 일에 집중하기 위해, 마음을 흐트러뜨리지 않고 깊이 생각하기 위해, 그리고 가지고 있는 모든 창의성을 발휘하기 위해서 혼자 있는 시간은 꼭 필요한 것이다.

원한다면 혼자 있도록 장소와 시간을 만들어 주도록 하자. 왜냐하면 그것은 점점 어른이 되어 가고 있는 표시이기 때문이다. 아이가 혼자 있는 것을 참지 못하겠거든 다음 말을 상기하기 바란다.

"혼자 잘 지내지 못하는 사람은 다른 사람이 혼자 있는 것도 견디지 못한다."

아이가 창의력을 키우는 데 혼자서 보내는 자유로운 시간을 원하게 되었다면 그것은 건강한 자화상을 갖기 시작한 것이다. 그렇지 않다면 아이들은 때때로 혼자 있는 상태가 아니라 완전히 고립되어 있는 것이다.

지저분한 방은 독창력의 증거다

독창적인 아이는 반드시 청결하고 단정하지만은 않다는 것을 부모는 염두에 두어야 한다.

아이에게 항상 더럽히지 말라고 하는 것은 창의력의 발달을 경시하는 셈이 된다. 아이는 탐험하거나 진흙 투성이가 되거나 꿇어앉거나 철썩 엎드리거나 하는 것을 좋아한다. 긁히거나 멍이 들거나 얼굴과 손이 검정 투성이가 되기도 한다. 아이와 말다툼하는 것을 그만두고 이 사실을 인정하기 바란다.

또는 아이가 자기 방을 깨끗이 정리한다는 것은 거의 있을 수 없는 일이다. 그러므로 어른의 생각으로 아이의 생활을 질서정연하게 마무리짓도록 압력을 가하기 쉬운데, 그것을 그만두는 쪽이 아이에게는 건강하고 독창적인 생활 습관을 몸에 배게 해준다.

모든 것을 단정하게 늘어놓고 회계과 직원의 장부처럼 생활의 계통을 세우는 것과 창의력은 관련이 없다. 만일 정말로 아이 전용 방을 만들어줄 생각이라면 부모는 감시를 해서는 안 되며 어떻게 정리하느냐 하는 것은 아이에게 맡겨야 한다.

바퀴벌레가 문 밑으로 기어나오지 않는 한, 위생상의 문제만 없다면 아이의 방은 문자 그대로 아이의 방으로 맡겨 두고 간섭하지 말아야 한다.

아이의 방은 창의성을 기르는 장소다. 어른들이 자신의 방 정리 방법이나 사용법에 대해서 이야기하기를 좋아하는 것처럼 아이들도 같은 권리를 가지고 있다.

아이가 방문을 닫고 그 속에서 자기 마음대로 하도록 내버려두면 그 습관이 몸에 익어 수백 번의 말싸움을 하지 않아도 된다. 독창성이 있는 아이가 되기를 바란다면 아이에게 마음대로 방을 쓰게 하는 것이 좋다.

아이의 잠재적인 창의력을 최대한으로 이끌어내기 위해 부모가 어떻게 하는 것이 좋은지 약간은 이해를 했으리라 본다.

창의성은 생활 태도이기 때문에 정의하기는 어렵지만, 무한계 인간에의 길을 따라 전진하면 부모는 자녀의 성장을 도와줄 수 있다.

자녀의 특징을 항상 인식하고 개성을 짓밟지 말고 칭찬하고 격려해 주면 자녀의 창의성을 신장시킬 수 있다.

모차르트의 말을 인용해 보자. 그는 35년밖에 살지 못했지만 창의력이 가장 풍부한 천재로 손꼽히고 있다.

"나는 완전히 혼자 있을 때나 밤에 잠이 오지 않을 때, 아이디어가 가장 많이 떠오른다. 아이디어가 어디서 어떤 방법으로 떠올라 왔는지는 알 수 없지만 그것은 억지로 이끌어낼 수 없는 것이다."

'완전히 혼자 있을 때'라는 말을 염두에 두기 바란다. 완전히 혼자 있는 것이 허용된 아이는 창의성이 충만하여 한낮의 태양처럼 빛날 것이다. 결국 창의성이란 자신의 개성을 생활 속에서 키워나가는 것이다. 따라서 창의력이 풍부한 아이로 키우려면 구태여 쓸데없는 시간을 만들거나 힘들여 공을 들일 필요 없이 자연스러운 상태로 놔두는 것이 좋다.

제 2 장

홀로 설 수 있는
아이로 키워라

| 자녀에게 자신의 미래를 선택할 '눈'과 '자립심'을 심어주는 방법 |

'무한계 인간'은 그 자신의 내부에 있는 최고의 빛에 이끌린다. · · 자신의 과오를 남의 탓으로 돌리거나 세상이 나쁘다고 불평하면서 시간을 헛되게 쓰지 않는다. 자기 자신의 가치는 다른 누구도 아닌 자기 자신이 만들어 간다고 믿는다.

1
자녀를 자기 인생의 명제작자로 만들어라

사람의 마음의 세계는 바깥 세계와는 매우 다르다. 마음속의 가장 안쪽, 누구나 혼자서 살아가지 않으면 안 되는 부분은 대단히 중요한 경험의 세계다.

정서라든가 감정으로 이루어져 있는 이 내부 세계는 사람에 따라 모두 다르다. 내부의 세계에서 우리는 자기 자신에 대해 정직해지지 않으면 안 되는데 외부의 세계에서 문제가 해결된 것처럼 보여도 내부 세계의 아픔은 지워지지 않는 경우도 있다.

충분한 마음의 평안을 얻기 위해서는 자신이 생각하는 것을 어떻게 제어하는가, 자신의 감정에 어떻게 대답하는가, 그리고 최종적으로는 어떻게 행동하는가를 스스로 배우지 않으면 안 된다. 한 사람의 인간으로서 독자적인 존재가 내부 세계의 핵이다.

이것을 프리드리히 니체는 다음과 같이 훌륭하게 표현했다.

"마음속 깊은 곳에서는 누구나 자신이 이 세상에 꼭 한 번만 태어난, 타인과는 명확하게 다른 존재라는 것을 알고 있다. 그리고 이처럼 멋진 개체는 두 번 다시 태어나지 않을 것이라는 것도 충분히 알고 있다."

자기 자신의 내부 세계를 발전시켜 나가는 것은 그 내부의 세계에 대해 모든 책임을 지는 것이며 생활 환경을 타인의 탓으로 삼는 경향을 제거하는 것이다.

내부 지향형 인간은 자기 자신의 마음속에서 드러나는 것을 의지하고 어떤 형태든 외부로부터 비롯되는 경향을 피하게 된다. 모든 사람들로부터 인정받지 않으면 안 된다는 것은 없어지고, 그 대신 도덕률은 정확히 지키지만 한편으로는 독자성을 잃지 않겠다는 굳은 결의에 의거하여 자기를 창조하려 하고, 그 동기를 자신의 마음속에서 찾게 된다.

이러한 여러 가지 마음의 발달 요소는 자녀 교육 속에서 종종 무시되고 있는데, 만약 진정으로 자녀를 '무한계 인간'으로 키우고 싶다면 이러한 요소들을 제거해서는 안 된다.

아이들이 배우지 않으면 안 될 가장 중요한 것 가운데 하나는 자신의 내면적 성장에 전적으로 책임을 져야 한다는 사실이다. 자신의 마음속에서 일어나고 있는 일은 다른 사람으로서는 컨트롤 할 수 없다는 것을 어릴 때부터 배우지 않으면 안 된다.

이 세상에는 우리들이 거의, 혹은 완전히 컨트롤 할 수 없는 상황이 많이 있다. 그러나 자신의 내면 세계는 자신만의 것이며 인간으로서 생각하고 느끼고 최종적으로 행하는 것은 모두 자신이 컨트롤 할 수 있다는 사실을 이 세상에 태어났을 때부터 배우지 않으면 안 된다. 자신의 내면 세계는 자신이 컨트롤 할 수 있다는 것을 알고 그것을 믿게 해야 할 것이다. 이것이야말로 부모가 자녀에게 줄 수 있는 궁극적인 자유이다.

일단 이러한 신념을 가지고 이 기본적인 전제에 의거해 생활을 시작한다면 무한계 생활을 향해 발걸음을 내디뎠다고 할 수 있다. 이 기본적인 것을 이해하지 못한 아이는 남을 비난하고 불평하며 남의 인정만을 구하는, 자신에게는 선택의 능력이 있다는 것을 믿지 않는 인간이 된다. 또한 어릴 때 뿐만 아니라 영구히 남에게 의존하는 인간이 되어 버리고 자립할 수 없게 된다.

우리의 습관 가운데는 남을 비난하는 것이 하나의 생활 태도로 되어 있다. 그리고 이 현상은 남의 결점만을 들춰내는 어른들 틈에서 자라난 아이에게 특히 현저하게 나타난다.

아이는 보고 배우는 것이 빠르다. 그리고 남을 비난하는 것도 아주 어릴 때부터 몸에 익어 버린다. 띠라서 아이가 남을 비난하는 마음을 키우느냐, 또는 책임을 자기 것으로 받아들이느냐 하는 것은 전적으로 부모에게 달려 있다.

마음가짐을 바꾸면 다른 인생이 보인다

"내 탓이 아니라구요," "나를 책망하지 마세요," "어쩔 수가 없었다구요." 등의 말을 하지 않게 되면 아이가 내면적 성장에 책임을 지기 시작했다는 증거다.

우리는 누구나 자신 속에 남에게는 말할 수 없는 것을 지니고 있다. 우리가 거짓말을 하거나 과장해서 떠들고 있을 때, 혹은 자신의 실책을 남의 탓으로 돌리고 타인의 눈을 속이고 있을 때, 또 슬프거나 기쁠 때, 항상 그 마음속의 자신은 그것을 알고 있다. 내면의 세계는 무한한 곳으로의 열쇠를 쥐고 있는 것이다.

내면이 어떻게 성장하는가는 자기 자신이 주위의 사람들에 대해 어느 정도 솔직하고 정직해질 수 있느냐에 달려 있다.

내면 세계에는 우리들의 감정의 전부가 포함되어 있다. 만일 자기 자신과 충분히 사이좋게 지내고 있다면, 우리는 마음속의 이 특별한 장소에서 평안을 찾을 수 있다. 그리고 자신에 대해서 불쾌한 기억이나 감정이 없으면 건전하다고 느껴진다. 자기편이 되어 도와주는 사람이 있다면 이 내면 세계를 한층 더 순조롭게 발전시킬 수 있을 것이다.

고도로 발달된 내면 세계를 가지고 있는 사람이란 우선 기본적으로는 남을 비난하거나 타인이나 다른 어떤 것의 탓으로 삼는 것을 절대로 하지 않는 사람이다.

마음이 우울할 때 우리는 의기를 저하시키는 자기 자신의 생각의 희생자가 되어 있는 것이다. 만일 욕구 불만을 느낀다면 그것은 자신이 선택한 것이며 자기 스스로 근심거리를 생각하도록 마음을 썼거나 혹은 세상은 근심스러운 장소라는 생각을 선택했기 때문이다. 만일 거꾸로 기쁨과 만족감을 느낀다면 그것도 자신의 사고 체계에 의한 것이다. 따라서 우리들 한 사람 한 사람은 자유롭게 자신이 선택한 방법으로 살아가는 것이다.

그러므로 자녀에게는 자신의 감정을 타인의 탓으로 돌린다 해도 현실에서 달라지는 것은 아무것도 없다는 것을 이해시키지 않으면 안 된다. 남의 탓으로 돌리느냐 자신의 책임으로 돌리느냐 중 어느 쪽을 선택해서 믿는다 해도 진실은 여전히 존재하고 있다. 남이 자신을 불행하게 만들지는 못하는 것이다. 그래서 남이 하고 있는 것을 자기 자신이 어떻게 생각하느냐가 자신의 마음 상태를 결정하는 것이다.

자녀들에게 성장의 모든 단계에서 가르쳐 주어야 하는 중요한 교훈은 "너희들은 자신이 생각하는 대로 느끼게 된다"는 사실이다. 윌리엄 제임스는 그것을 이렇게 말하고 있다.

"나의 최대의 발견은 사람이 마음의 자세를 바꾸는 것에 의해 인생을 바꿀 수 있다는 사실이다."

자신에 대해서 책임지는 것을 배운 아이는 무한계 생활의 방법을 배운 셈이다. 남을 비난하는 것을 배운 아이는 자신의 책임을 회피하고 그것을 바깥의 사건이나 다른 사람들 탓으로 돌림으로써 현실을 피해가려 한다.

2
내 잘못과 책임을 알게 한다

일상생활 가운데 일어난 여러 가지 문제를 대개의 아이들은 다른 사람 탓으로 돌리기를 좋아한다. 그것은 주로 자신의 책임이라고 인정하면 부모의 애정을 잃는다고 배웠기 때문이다.

"내 탓이 아니란 말야."

"선생님이 나를 미워하니까 그래요."

아이가 이처럼 남의 탓으로 돌리는 전형적인 말을 할 때는 스스로 어떤 행동에 대해서 책임을 인정했을 때 부모가 벌을 준 일은 없었는지 생각해 봐야 한다.

핑계를 잘 대는 아이일수록 애정에 굶주려 있다

우유를 쏟았다고 해서 부모가 화를 내거나 짜증을 부리면, 2살

난 아이는 자기가 부모를 실망시키는 존재라고 믿고 부모의 노여움과 낭패를 거절의 표시로 해석해 버린다. 그 결과, 그와 같은 형태의 질책을 피하기 위해 무엇이든 핑계를 찾으려고 한다. 왜냐하면 이는 사랑을 받고 싶기 때문이다. 우유를 쏟은 것에 대한 부모의 건전한 반응은 "괜찮다. 누구라도 우유를 쏟을 수가 있단다. 너도 일부러 한 짓은 아니잖니? 자, 깨끗이 닦자." 하고 말하는 것만으로 충분하다. 그리고 꼭 껴안아 주기 바란다. 지난 1주일 동안에 같은 일이 몇 번씩 일어났다 해도 말이다.

노려보거나 때리거나 혹은 사람들 앞에서 "넌 멍청이구나!" 하고 비판받게 되면 그 아이는 잘못에 대한 책임을 회피하지 않으면 안 된다고 생각하게 된다.

"저애가 쏟았단 말야. 나는 여기 앉아만 있었어."

"컵이 저절로 미끄러진 거야. 내 탓이 아니란 말야."

이와 같이 창의력으로 가득 찬 변명을 회피 저장고에서 꺼내 보일 것이다.

우리가 화를 내고 설교를 해도 쏟아진 우유가 제자리에 돌아갈 수는 없는 일이다. 더욱 중요한 것은 우유를 쏟은 책임은 그 아이에게 있다는 사실이다. 아무리 책임을 회피하려고 해보았자 실제로는 역시 그 아이가 우유를 쏟은 것이다.

이럴 때 부모는 아이가 "내가 잘못해서 우유를 쏟았어요. 일부러 한 것은 아니에요." 하고 말하도록 도와주어야 한다.

만일 남의 주의를 끌기 위해 일부러 쏟았다 하더라도 아이에게

홀로 설 수 있는 아이로 키워라 • • • 85

걸레나 종이를 주고 그 아이의 책임인 우유를 닦게 하면 되는 것이다.

이 예는 사소한 것처럼 보일지도 모르지만, 자신이 한 일 때문에 욕을 먹는 경험을 2, 3백 번 정도 계속적으로 쌓는다면 그 아이는 자기가 한 일을 남의 탓으로 돌리게 되고 왜 일이 잘되지 않았는지 그 이유를 항상 자기 밖에서 찾게 된다. 그리고 다음과 같은 핑계를 대는 사람이 되어 버린다.

학교에서 시험 성적이 나쁘면, "선생님은 비겁해요, 늘 범위 밖에서 문제를 출제한다니까요. 낙제 점수를 받은 것은 순전히 선생님 때문이라구요." 하거나 테니스 시합에 지고 나서, "바람이 세게 불었어요. 게다가 심판도 엉터리고요."라고 핑계를 대게 된다. 또 여자 친구와 다투고 나서 "그 아이는 제 말을 전혀 듣지 않아. 언제든 제 마음대로 하지 않으면 못 견디는 성질이야."라며 투덜거리게 된다.

그런 식으로 성장한 아이는 어른이 되어서도 마찬가지다. 직장을 잃으면 "그 부장 밑에서 일할 사람이 어디 있겠어? 항상 나를 달달 볶아댄단 말야." 하며 늘 책임을 누군가에게 전가시킨다. 실패나 인생의 곤란함을 늘 누군가에게 돌리는 것이다.

어릴 때 익힌 책임 전가 버릇은 평생을 간다

아주 작은 일까지 남의 탓으로 돌리는 버릇이 있는 아이는 남에게 잘 보이기 위해 책임을 뒤집어씌울 수 있는 누군가를 항상 찾고 있다.

일반적으로 아이들 주위에서 일어나는 대부분의 일은 자기 자신이 처리할 수 있는 것이며 마음속에서 느낄 수 있는 것은 모두 자기 자신 속에 원인과 결과가 있다는 것을 부모는 아이들에게 가르쳐 주지 않으면 안 된다.

앞에서 예로 든 아이는 어른이 되어서도 자신의 실패를 남의 탓으로 돌리겠지만, 양육 방법에 따라서는 전혀 다른 사람으로 성장할 수도 있다.

"제가 했습니다. 나쁜 것은 저입니다. 이제 두 번 다시 되풀이하지 않도록 노력하겠습니다."

이렇게 말해도 조금도 나쁘지 않다고 인생의 출발점에서부터 가르쳐줄 수 있는 것이다.

자신이 책임을 지는 것은 무한계 인간이 몸에 익힐 수 있는 가장 뛰어난 장점 가운데 하나이다. 왜냐하면 이것에 의해서 자신의 손으로 자신의 인생을 관리하고 다른 사람에게 자신을 맡기지 않아도 되기 때문이다.

성적 부진을 선생님 탓으로 돌리는 아이는 얼핏 보면 선생님을 배제하고 있는 것처럼 보이지만, 사실은 반대로 자신의 생활을 선생님이 컨트롤하도록 하고 있는 것이다.

애인이나 친구의 행동에 대해 오랫동안 혼자 고민하면서 괴로워하고 있을 때는 자신의 생활을 자신이 컨트롤하는 것을 단념하고 있다고 할 수 있다. 왜냐하면 내 탓이 아니고 애인이나 친구를 원망하고 있기 때문이다.

아이들에게 태어나면서부터 이것을 꼭 가르쳐 주어야 하는데 곧 자신의 책임을 자기가 지도록 하는 것이다. 자신의 결점이나 잘못을 인정하고, 반대 의견도 두려워하지 않도록 아이들을 격려해 주어야 한다.

아이들이 잘못을 저질러도 상관없다고 말해 주기 바란다. 가령 카펫에 젤리를 떨어뜨리거나 생물시험 점수가 떨어지거나 요에 오줌을 싸더라도 아이들에게 자신들은 역시 사랑을 받고 있다는 것을 이해시키면서 스스로 책임질 수 있는 인간이 되도록 부모는 도와주지 않으면 안 된다. 끊임없이 그 아이를 사랑하고 있다는 것을 보여주면서 말이다.

"네 잘못을 동생에게 미루면 안 된다."

"냄비를 망가뜨린 책임이 누구에게 있는지 누가 봐도 뻔한데, 그것을 속이려들면 안 된다."고 아이에게 말해 주어야 한다.

인간이 살아가노라면 냄비를 망가뜨릴 수도 있는 일이므로 별로 희귀한 일이 아니다.

"제가 부주의했어요. 제가 돈을 저축해서 다른 것을 사드리겠어요. 죄송해요."

이렇게 말할 수 있게 되면 그 아이는 한층 더 강해질 것이다.

"잘못을 인정하니까 기분이 상쾌하지? 냄비를 망가뜨렸다고 해서 이 세상이 끝장난 것도 아니니까 말이다."

부모도 이렇게 말할 수 있다면, 그러니까 벌을 주기보다는 정직하게 말한 것을 칭찬해 주면 아이의 내면적인 힘을 강하게 키워 주는 셈이 된다.

평생 책임지는 것을 두려워하면 인생의 모든 것을 남의 탓으로 돌리는 인간이 되어 버린다.

결국 그런 사람이 어른이 되면 운이 나쁜 것은 사회 탓이고, 주머니 사정이 좋지 못한 것은 증권 시장이 나쁜 탓이고, 직장을 계속 다닐 수 없는 것은 사장이 나쁘기 때문이고, 병에 걸린 것은 운이 나쁜 탓이라고 비관하는 등 자기 기만으로 일생을 보내게 된다.

그러므로 부모 자신부터 남을 비난하지 않으며 아이들과 함께 그들 자신의 내면 발달에 대한 책임을 어려서부터 가르쳐 나가야 한다.

3
자기 선택을 쌓아올리면 자신의 인생이 된다

인생은 모든 것이 선택이다. 아이가 가령 자신의 문제로 다른 사람을 원망하게 될 때 그는 타인이라는 존재를 선택하고 있는 것이다.

그럴 때 부모가 해야 할 중요한 일은 자녀 자신이 자유로운 의사를 가지고 있다는 것을 분명히 알게 하고, 어떻게 생각할 것인지 선택하는 것이 인생에 있어 얼마나 중요한가를 깨우쳐 주는 일이다.

인간은 생각하는 대로 느끼고 행동한다. 그리고 자신이 선택한 것을 생각할 수가 있다. 또한 생활 속에서 어떻게 느끼느냐에 대해서도 책임을 져야 한다는 것을 부모는 자녀에게 보여주지 않으면 안 된다.

모든 것은 내가 선택한 결과라고 가르쳐라

만일 부모가 점원의 말투에 화가 나서 집에 돌아왔는데, 계속 그것으로 화를 내고 있다면, 그것은 가정에서의 생활이 점원과의 문제에 의해 좌우되고 있는 셈이다.

누군가에게 불쾌한 일을 당했을 때, 사람은 누구나 어떻게든 좋은 방향으로 생각할 힘이 있다. 그러므로 남의 행동 때문에 자신의 하루를 망칠 필요는 없는 것이다.

"점원의 무례한 태도로 그때는 화가 났지만, 지나간 일 때문에 언제까지나 우울하게 지내긴 싫어. 그 일은 더 이상 생각하지 않을 테다."

자녀에게 이런 말을 들려주도록 한다.

부모는 자신의 동요를 남의 탓으로 돌리는 사람이 아니라는 것을 아이들에게 열심히 가르쳐주어야 한다. 그렇게 함으로써 아이들도 그런 영향을 받게 된다. 부모가 문제를 어떻게 해결하느냐 하는 것은 그 즉시 자녀에게 영향을 미친다.

부모는 아이들에게 현실의 진상을 가르쳐줄 수 있다. 그러면 아이들은 어떤 식으로든 스스로 선택하게 된다.

아이가 친구에게 불쾌한 일을 당했다고 말할 때는 아이를 위로해 준 다음, 자기 자신에게 정직하라고 가르치지 않으면 안 된다.

"친구가 말한 것 때문에 네가 기분이 상한 것은 나도 이해한다. 그렇지만 넌 그애의 의견을 너 자신의 생각보다 중요시하고 있다고 생각지 않니?"

이렇게 대답함으로써 문제의 초점을 올바르게 맞출 수 있을 것이다. 즉 그 아이는 들은 말 때문에 동요할 것을 선택하고 있는 것이지, 친구가 그 아이를 동요시킨 것은 아니라는 것을 이해하게 된다.

덮어놓고 설교 같은 것을 하지 말고, 어떤 사람에게도 남을 동요시킬 힘은 없다는 것을 아는 인간으로 키워 누구와도 대등한 이야기를 나누도록 해야 한다. 그가 지금 취하고 있는 것은 수많은 의견 중 하나의 선택이라는 것을 이해하도록 해야 한다.

자녀들에게 자신이 선택 능력이 있다는 것을 가르칠 기회가 오면 이것을 생활의 여러 방향으로 응용해 보는 것이 좋다. 또한 질병도 자신이 선택한 결과라고 봄으로써 병에 걸린 것을 자기가 책임지도록 조언해 주어야 한다.

피로해 있다는 것도 대개의 경우, 선택하고 있는 것이다. 나이를 먹었다고 생각하는 것도 마찬가지다. 실망, 불안, 스트레스도 모두 이 선택의 범주에 들어간다.

"내가 그것을 선택했다."

자신에게 이렇게 말할 수 있게 되면 자멸적인 생각이나 행동을 하지 않게 되며 좀더 창조적인 방법을 모색하는 인간으로 성장하게 된다. 그런 아이들은 자신의 내부에는 천재가 살고 있으며, 실제로 어떤 일이라도 좋아하는 것을 선택해서 생각할 수 있다고 믿고 계속해서 성장해 나가게 된다.

4
내부지향형 인관과 외부지향형 인간

우리는 곳곳에서 외부지향형 인간을 찾아볼 수 있다. 외부지향형이란 자기 자신이 아닌 외부적인 것에 컨트롤 당하는 것으로, 중요한 결정을 내릴 때 자기 자신이 아닌 외부의 힘이나 다른 사람들에 의해 좌우되는 것을 말한다.

그러므로 부모는 아이가 내부지향형이 되어 밖으로부터 그들의 생활에 영향을 미치는 힘에 저항하는 용기와 인내력을 갖도록 옆에서 도와주는 것이 필요하다.

유아나 아주 어린 아이들은 생활의 많은 부분을 외부에서 컨트롤해 주지 않으면 안 된다. 심지어 갓난아이조차 매일 선택을 해야만 하는 것이 현실이다. 어떤 장난감을 쥘 것인가, 누구에게 갈 것인가, 어떤 음식을 먹어야 할 것인가, 무엇을 향해 방긋이 웃을 것인가를 선택하고 있다.

태어나서부터 자유롭게 선택할 수 있도록 만들어 놓으면, 자신이나 환경을 컨트롤하는 감각을 스스로 발달시킬 수 있다. 만일 그렇게 하지 못하면 아이는 컨트롤 대신 책임 회피와 남의 결점을 찾는 데 열중하게 된다.

결국 가정 교육의 목표는 자신을 컨트롤하며 정신력을 튼튼히 하고 자기단련이 잘 되는 자녀를 만들어내는 데 있다.

'부모나 누군가 권위 있는 사람이 규율을 정해 주겠지.' 하고 누군가를 의지하는 아이로 키워서는 안 된다. 남에게 의논할 필요 없이 자신을 다스려 나가는 것을 배우게 하는 것이 자녀 교육의 목적이다.

부모가 자녀의 경험을 대신하지 마라

지금 이 순간, 원고지 앞에 앉아 있으면서 나는 대단한 자제심을 발휘하고 있다. 밖으로 나가서 해변을 걷거나 헤엄을 치거나 테니스를 하거나 아이들과 큰 소리로 웃으며 떠들고 싶지만 그렇게 하지 않는 것이다.

그런데 누군가에게 "웨인, 오늘 오후는 앉아서 글을 쓰지 않으면 안 돼. 이 일을 끝낼 때까지는 밖에 못나올 줄 알라구." 하는 말을 들어야 한다면 어떨까?

바보 같은 얘기라고 생각할지 모르지만, 나는 지금 바로 그런 것을 쓰기 위해 앉아 있다.

우리는 자신의 생활에 목적과 의의가 느껴질 수 있는 일을 하도록 자기 자신을 훈련하지 않으면 안 된다. 누군가가 그것을 대신해 줄 것이라고 바랄 수는 없다. 이것이 바로 가정 교육의 핵심이다.

아이 스스로 자신의 규율을 만들 수 있게 하기까지는 어른의 도움이 필요하다. 이 목표에 도달하기 위해서는 아이의 성장기를 통해 인간으로서 가능한 한 많은 자제심과 경험을 쌓도록 하는 수밖에 없다. 그리고 필요한 때 이외에는 일을 대신해 주어서는 안 된다.

자녀의 성장기에는 아이를 한층 더 내부지향형 인간으로 만들 기회가 많다. 우선 몇 시간을 자는가, 무엇을 입는가, 누구와 노는가 등을 결정하는 것부터 시작할 수 있다.

나중에 학교에 가게 되면 무엇을 공부할 것인가, 무엇에 대해 리포트를 쓰고, 누구를 친구로 삼아야 하는가를 결정하게 된다.

이윽고 어른이 되면 어느 정도까지 술을 마실 것인가, 누구와 데이트를 할 것인가, 방안의 장식은 어떻게 할 것인가에 대해 결정하게 된다. 여기에 비해 외부지향형의 인간은 평생 외부의 것에 의존하는 습관을 발전시켜 나간다.

기분이 우울한 것을 남의 탓으로 돌리는 습관이 붙은 아이는 자신의 무거운 짐을 가볍게 하기 위해 역시 알코올 등 외부의 것을 의지하게 된다.

내부지향형 인간은 자신의 기분을 우울하게 한 책임은 자신에게 있다는 것을 알고 있으므로, 자신이 생각하고 있는 것을 남의 탓으로 돌리지 않는다. 그 결과, 내부지향형 아이는 재출발하는 능력도 자신 속에서 찾게 된다. 그래서 결국은 자신을 위해 도움이 되는 사고나 행동 쪽을 선택한다. 재출발할 힘이 자신 속에 있다는 것을 알고 있기 때문에 외부의 것에 응원을 구할 필요가 없는 것이다.

5

남의 평가보다 자신을 인정하는 것이 중요하다

아이들이 자기 자신을 인정 받기 위해 남의 평가를 구할 필요는 없다. 그러한 평가나 인정받기를 원하는 것 자체는 건전한 일이지만 남의 인정을 필요로 하게 되면 대단히 불건전한 요소가 개입하게 될 것이다.

남의 인정을 필요로 하는 사람이 인정을 받지 못하면 정신적으로 기가 죽어 버리고, 친구가 동의하지 않거나 자기가 하는 방식에 반대하는 사람이 나타나면 순간 곤란함을 느끼게 된다. 그러므로 자기 자신을 신뢰할 수 있을 뿐만 아니라 반대 의견이나 비난에도 동요하지 않고 대처할 수 있는 내부지향형 인간이 되는 것이 얼마나 중요한지를 알게 해준다.

인간은 누구나 살아 있는 한 많은 반대 의견에 부딪히며 살아가게 마련이다. 실제로 자신을 가장 사랑하는 사람까지도 부단히 많은 반대 의견을 펼칠 수 있다. 요컨대 모든 사람이 자신을 언제나 만족시킬 수는 없을 뿐만 아니라 사랑하는 단 한 사람마저도 언제까지나 자신을 만족시킬 수는 없다.

따라서 반대 의견이라는 것은 인간이 살아 있는 한 언제든 접하게 되는 것이 사실이며 피할 수 없다. 자기의 모든 행동을 거의 대부분의 사람들로부터 인정받아야 한다는 생각이 아마도 우리들의 불행과 불안의 유일한 원인일 것이다.

어찌된 일인지 우리는 어릴 때부터 많은 사람들로부터 인정을 받지 못하는 것이 이 세상에서 가장 두려운 일이라고 되풀이해서 배워 왔다. 심리학 교과서는 젊은이가 건전하고 생산적인 사람이 되기 위해서는 동료 집단의 인정이 필요하고, 가능한 한 동료들과 잘 어울려서 친구로 인정받아야 한다고 수십 년에 걸쳐 가르쳐 왔다. 하지만 나는 이 학설에 반대한다.

동료 집단의 인정이라는 것은 한마디로 그가 어떤 그룹에 속해 있는가, 오늘은 어떤 날인가, 축구 경기의 결과는 어떻게 되었는가, 무엇을 입고 있는가, 그룹 밖에 있는 사람들의 의견 등 한없이 많은 일시적 요인에 의해 어떻게든 변하게 된다는 것을 젊은이들은 조기에 알아차려야 한다. 동료 집단의 인정을 받는 것도 물론 좋은 일이지만 그것은 '무한계 인간'이 되기 위한 필요 조건은 아니다.

무한계 인간이 되기 위해서는 자기 자신을 충분히 인정해야 한다. 남의 의견을 차분히 듣는 것도 중요하지만 인생살이에서 만나게 되는 모든 사람의 인정을 받는 것은 누구에게나 불가능한 일이기 때문에 그것보다는 자기 자신을 스스로 인정하는 것이 중요하다.

실제로 잘난 체하지 않고 자신을 인정할수록 오히려 동료 집단의 인정을 받을 기회는 훨씬 더 많아지게 된다.

일반적으로 사람들은 모든 사람들로부터 인정을 받으려고 정력을 소비하는 사람보다는 자기의 가치에 자신을 갖고 있는 사람에게서 매력을 더 느낀다.

이것은 역설적인 말이지만, 인정이라는 것은 그것에 가장 관심이 없는 사람에게 가장 많이 주어진다. 그와 반대로 부단히 인정을 구하는 사람은 가장 적게 받게 된다.

사람이 일생을 살면서 인정받는 것을 추구한다는 것은 시간 낭비이며 이것을 필요 불가결한 것으로 추구한다면 신경쇠약에 걸릴 뿐이다. 친구들 중 한 사람에게 외면당한다고 해서 기가 죽는 것은 그 친구의 의견에 자기 자신이 완전히 컨트롤 당하고 있는 것이라는 것을 아이들에게 알게 해 주어야 한다.

특히 아이들이 누군가와 반대 의견에 부딪혀서 상처받고 있을 때, 이것을 가르쳐 주기 바란다. 즉 반대 의견에 맞닥뜨리는 것은 극히 예사로운 일이고, 이것은 누구나 일생 동안 많이 경험할 수 있는 것이라는 것, 그러나 자기 자신이 그리고 있는 자화상 쪽이 다른 사람의 눈에 비치는 모습보다 더 중요한 일이라는 것이다, 왜냐하면 자신은 24시간 내내 자기의 자화상과 함께 있어야 하지만, 다른 사람이 자기를 보는 것은 일시적인 것이기 때문이다.

자신이 가장 좋아할 수 있는 '자기'를 지향하게 해라

예를 들어 부모가 동료들의 인정이 절대로 필요하다고 믿고 있는 사람이라면 10대의 딸이 어떻게 하면 친구들에게 호감을 살 수 있느냐고 조언을 구했을 때 이런 식으로 반응하게 될 것이다.

'아이가 친구들한테 인정받을 수 있도록 뭔가 도와줄 수 없을까? 아이가 친구들의 마음에 꼭 들어야 할 텐데.'

그러고는 잘못된 배려에서 딸의 비위를 맞춰 주게 될 것이다.

"네 머리 모양이나 의상을 바꾸어 보면 친구들이 좋아하지 않겠니? 아니면 좀더 다른 아이들과 똑같이 되도록 더 노력해 보면 어떨까? 그렇게 하면 더 친숙해질 거야. 또 아이들에게 선물을 주면 너를 좋아하게 되지 않을까?"

다른 사람의 인정이 필수 불가결하다고 아이들에게 믿게 하는 것은 어리석은 짓이라는 것을 이것으로 알 수 있을 것이다.

다음은 좀더 건전한 접근방식이다.

"다른 사람들한테 인정받지 못하는 일은 앞으로도 얼마든지 있을 거야. 네가 괴로워하고 있는 것은 알지만 친구들에게 인정받기 위해 모두가 바라는 사람으로 되는 것보다 너 자신으로 있는 편이 너에게는 더 소중한 일이란다. 너는 자신에게 만족하고 있니? 자기 자신이야말로 네가 가지고 있는 것 가운데 가장 소중한 거란다. 그러니 자기를 좀더 소중히 여기렴. 그것이 전부라고 생각한다."

또한 이렇게 말해 보는 것도 좋다.

"친구의 말과 행동을 보며 그 속에 너에게 뭔가 도움이 될 수 있는 메시지가 있지 않은지 살펴보아라."

그러나 이것은 어디까지나 자기의 행동에 관해서이며, 자기의 가치에 관해서는 아니다.

평범한 것에서는 최고의 인간이 태어날 수 없다

인정받고 싶다는 것과 인정받아야만 하겠다는 것의 차이를 아이들과 함께 생각해 보는 것도 좋다.

인정받는 것이 필요한 사람은 다른 사람의 의견의 노예로 될 뿐이라는 것, 마음속에 자신을 갖게 되면 애써 노력하지 않아도 인정은 저절로 다가오게 된다고 이야기해 주기 바란다.

대개의 아이들은 누구나 끊임없이 다른 사람으로부터 인정받기를 원하는데, 그것은 결국 다른 사람과 똑같이 되기를 바라는 것밖에 안 된다. 이런 결과는 부모가 사람들과 화합하는 것을 금과옥조로 삼아 왔기 때문이다.

어찌된 일인지 사회생활에 순응하는 것을 자신 있는 인간으로 성장하는 것보다 중요시하는 사회가 되어 버렸다.

이와 같이 남에게 인정받기를 부단히 요구한 결과, 치유자를 방문하거나 신경 안정제를 사용하기도 하고, 또한 어떻게 해서든 거기에 부합하려고 하기 때문에 한 조각의 자존심이나 자신감도 없는 사람들이 엄청나게 많아지고 있다.

그러나 자신감이 있는 아이들은 다른 사람의 의견을 존중하면서도 남의 인정을 받으려고 몸과 마음을 소모하지 않는 기술을 몸에 지니게 된다.

이렇게 부모는 아이가 개성적이고 독창성을 지닌 인간으로 성장할 수 있도록 해주어야 한다.

매우 훌륭한 '무한계 인간'이자 시인인 로버트 프로스트는 다음과 같이 말하고 있다.

"타인으로부터 분리되는 것에 의해 최고의 인간이 태어난다. 내가 평범한 것을 반대하는 것은 서로가 분리되어 달라 보였으면 하고 바라기 때문이다."

만약 모든 사람이 같은 성질을 가지고 있고, 다른 사람과 완전히 똑같은 사람이 되려고 하며 만나는 모든 사람들로부터 인정받으려고 부단히 노력한다면 남과 달라 보일 수 없을 것이다.

다른 사람에게서 인정받는 것이 꼭 필요한 것은 아니라는 인식을 가르쳐 나가는 과정은 아주 이른 시기부터 시작할 수 있다.

예를 들어 아이가 친구에게 심한 욕설과 함께 바보라는 말을 들었다며 울상을 짓고 있다면, 그 말을 한 아이를 꾸짖기보다는 "그 아이가 너에게 바보라고 말했다고 해서 네가 진짜 바보는 아니잖니?" 하고 말해 주자.

욕설을 듣거나 혹은 바보라고 여겨지는 것이 의미를 갖게 되는 것은 자신이 그것을 받아들여 자기의 것으로 했을 경우뿐이라는 것을 아주 어렸을 때부터 깨닫도록 해주어야 한다.

그런 종류의 욕설은 무시하도록 가르치기 바란다. 그렇게 하면 지나치게 인정받기 원하는 마음을 떨쳐 버리는 데 도움이 될 뿐만 아니라 그 아이에게 있어 그 이후의 인생은 남의 욕설 같은 것에 더 이상 좌우되지 않는 삶이 될 것이다.

주지하는 바와 같이, 사람이 남의 험담을 하는 것은 상대방이 잘 동요하기 때문이다. 그렇기 때문에 그것을 무시하면 험담도 사라지게 된다. 남의 말 따위를 마음에 두지도 않는 사람에게 누가 험담을 하겠는가?

일시적인 응석이 평생 영향을 미친다

사람은 성장함에 따라 많은 반대 의견에 부딪히게 된다. 지금 비참해져 있는 진짜 원인은 다른 데 있으며 누군가가 자기를 인정해 주지 않기 때문이라고 아이가 말했을 때, 부모가 아무리 그렇지 않다고 설명해도 동의하지 않아 매우 곤란한 경우도 있을 것이다. 그러나 부모가 이 압력에 져서는 안 된다.

아이가 경험하고 있는 것에 대해서는 항상 배려하는 마음을 가져야 하겠지만, 마음의 혼란의 원인이 자기 자신이 아닌 다른 사람에게 있다는 것을 일순간이라도 인정해서는 안 된다.

부모는 아이의 기분을 이해하고, 늘 애정이 넘치는 존재로 있어야 하지만 자칫하면 아이가 마음의 상처를 친구, 선생님, 상사, 이웃 등의 탓으로 돌려 버리기 쉽다. 그것은 정신생활의 컨트롤을 그만두라는 것과 같은 것이다.

행복해지기 위해서는 다른 사람들의 인정이 반드시 필요하다고 생각하는 아이에게는 어떻게 교육을 시켜야 하는지 그 예를 몇 가지로 들어보겠다.

부모는 먼저 아이의 기분을 잘 알고 있다는 것을 전달해야 한다. 그리고 문제는 언제나 마음속에서 처리할 수 있는 것이며 반드시 남에게 인정을 받을 필요는 없다는 것을 강조해야 한다.

"지금 네가 상처받고 있다는 것은 나도 안다. 하지만 선생님의 태도를 너무 중요하게 여기는 것 아니니? 선생님께서 너를 좀더 생각해 주시도록 할 수 있을지는 모르지만, 만약 선생님께서 그렇게 하지 않더라도 그 선생님 때문에 괴로워할 필요는 없단다."

"여자 친구와 싸운 것은 괴롭겠지만, 그녀가 하자는 대로 하지 않은 너 자신을 자랑스럽게 생각해라. 너 역시 네 마음을 조종당하고 싶지는 않았을 테니까 말이다."

"확실히 이웃집 아이는 너를 겁쟁이라고 생각하고 있을 게다. 그애는 여러 애들을 그런 식으로 생각하니까 말이다. 하지만 너 자신은 어떻게 생각하니? 그애가 그렇게 생각한다는 것만으로 너 자신을 겁쟁이라고 생각하니?"

"그애들이 한 말 때문에 우울해하고 있구나. 다른 사람들이 너를 그렇게까지 지배할 힘이 있다고 생각하니? 그애들이 그런 말을 한 것은 너를 지금처럼 우울하게 만들고 싶었기 때문이 아닐까?"

마음의 성장은 육체의 성장과 마찬가지로 중요하다. 마음의 평화를 방해하는 최대의 적은 남의 탓으로 돌리고 싶은 것, 또한 어떤 일에 대한 책임의 포기, 자기가 하는 모든 일에 남의 인정을 받고 싶은 것 등이다. 또한 이와는 별개로 주위 사람들과 융합해 나가거나 잘 지낸다는 미명 아래 마음의 성장이 억제되어 버리는 경우도 많다.

6
아이를 그르치게 하는 말들

아이들의 성장을 방해하는 부모들이 자녀에게 어떻게 대하는지 일반적인 예를 들어보자.

아이가 금방이라도 적용할 수 있도록 핑계를 대는 경우

"너는 아직 어려서 잘 몰라."

"네 탓이 아니다. 나쁜 애들과 어울렸기 때문이야."

"선생님은 네 섬세한 기분을 잘 모르신단다."

"지금은 이런저런 사정 때문에 집중할 수 없는 거란다."

아이가 스스로 해결 방법을 찾아내게 하는 것보다는 책임이 누구에게 있는가에 주의를 집중시키는 경우

"누가 이 접시를 깼는지 나는 알고 싶다."

"온 집안이 엉망진창이구나! 누가 그랬니?"

"주방의 물을 틀어놓은 채 내버려둔 녀석을 찾아낼 때까지 아무도 텔레비전을 보아서는 안 된다."

아이에게 실토하게 하여 진실을 밝혔는데도 오히려 그 아이에게 그 일로 벌을 주게 되면, 아이 편에서 보면 앞으로는 거짓말을 하거나 남의 탓으로 돌리는 것이 더 현명하다고 생각하게 된다.

자기 탓이 아니라고 입버릇처럼 말하게 만드는 경우

"제가 아무 곳에도 갈 수 없는 것은 부모님, 주머니 사정 등의 탓이에요."

"교통 위반 호출장이 왔지만, 나는 아무 잘못도 한 것이 없어."

"어쩔 도리가 없었어. 이렇게 뚱뚱해진 건 엄마가 늘 맛있는 디저트를 만들어 주셨기 때문이야."

아이에게 유전학적 구실을 주는 경우

"너의 엄마는 어렸을 때 글씨를 바르게 쓰지 못했어. 그래서 네가 잘 쓰지 못하는 거란다."

"그런 식으로 울면서 말하는 것이 엄마를 꼭 닮았구나."

이밖에도 여러 가지가 있다.

● 너무 어렵다는 이유로 아이의 숙제를 대신 해준다.

● 자기의 잘못을 결코 인정하지 않으며 아이들에게도 그러한 생활 태도를 장려한다.

● 복장, 쇼핑, 생활 태도로 남의 이목을 끄는 데만 마음을 쏟는다.

● 자신을 희생하면서까지 남한테 인정받도록 하며 친구들한테 밀려나지 않도록 아이들에게 비위를 맞추게 한다. 특히 비위를 맞추는 것에 의해 급수가 올라가거나 일을 얻을 수 있거나 돈이 더 많이 들어오거나 그 밖에 외면상 득이 있다는 것을 아이로 하여금 알게 한다.

● 아이들과의 대결을 피하기 위해서는 어떠한 행동도 서슴지 않는다. 아이들이 제멋대로 행동하거나 해서 가정이 소란스러워져도 아이들의 비위를 상하게 하는 것을 두려워하며 아무 말도 하지 않는다.

● 필요하고도 엄격한 예절을 가르치는 것을 두려워한다. 아이들의 행동이 잘못되었다는 것을 알면서도 바르게 행동하고 있다는 것을 보여주어 자기가 한 일에 대한 책임을 회피하는 것을 장려한다.

● 지나치게 부모의 권위를 휘둘러가며 엄격한 태도를 보인다. 아이들에게 의견을 말하게 하지 않고, 부모에 대해서 용감하게 맞서 자기가 믿는 바를 변호하는 것도 허락하지 않는다.

● 아이들에게 어떤 불변의 원칙을 붙인다(결국은 그것이 구실로 되어 버린다).

"너는 원래 운동 감각이 부족해."

"너는 어렸을 때부터 소심했어."

"수학을 잘 못하는 것은 우리 집의 유전이야."

"요리는 언제나 서투르지."

"넌 옛날부터 음악을 좋아하지 않았어."

● 부모를 존경하도록 요구하고, '왜?'라는 질문을 하지 못하도록 하여 공포감 속에서 아이를 키운다.

"나는 너의 부모란 말이다. 그러니까 순종해야지."

● 생활의 모든 면에 걸쳐서, 즉 생각, 말, 느낌, 행동 등에 대해 일일이 부모의 허가를 구하게 한다.

● 자기 의견에 아이가 동조해 주지 않으면 당황한다.

● 지식보다는 점수에 관심을 둔다.

● 외부 사람을 절대적인 권위로써 이용한다.

"선생님도 그렇게 말했을 것이다."

"규칙은 규칙으로 대항하는 것이 아니란다."

● 누구를 친구로 사귀어야 하는지 정해 주고, 스스로 지정한 어떤 타입의 사람과는 사귀지 말라고 말한다.

● 아이가 아주 어렸을 때는 아이를 대신해서 생각하거나 행동한다. 또한 아이들에게는 자기의 생각 같은 것이 없다고 믿어 버리고, 한 사람 몫을 할 수 없는 견습생 취급을 한다.

● 자녀의 제안을 들으려 하지 않는다. 결국 자녀 쪽에서도 무슨 일이든 부모의 제안에 귀를 기울이지 않게 된다.

● 가정이나 가족 문제에 관해서 자녀의 의견을 결코 들어보려 하지 않는다. 여기에는 쇼핑, 실내 장식, 휴가, 식사, 기타 함께

살아가면서 일어나게 되는 일상적인 결정들이 포함된다.

"너는 아직 어린애란 말이다. 언젠가 네가 가정을 갖게 되면 그때 결정하도록 해라."

● 예절 교육에 관한 책을 읽히고, 무슨 일이든 그 책의 표준에 맞추어 생활하도록 한다.

● 상장, 트로피, 메달 등을 획득하는 것을 중요시한다.

● 아이들의 성적에 따라 사는 보람을 느끼며 아이들의 학력이라는 외면적인 것을 통해 부모의 지위를 쌓으려 한다.

● 아이들의 마음의 성장을 무시한다. 불안, 수치심 같은 감정이나 개성을 표현하려는 시도를 농담으로 취급해 버린다. 개성을 발휘하기보다는 남을 기쁘게 하거나 남과 대항하거나 어쨌든 다른 사람과 동일하게 사는 편이 좋다고 생각한다.

인간으로서의 정신적 발달에 아이 자신이 좀더 책임을 지도록 하기 위해, 아이의 연령에 관계없이 부모로서 도와줘야 할 일은 얼마든지 있다.

남의 탓으로 돌리거나 모든 것을 남의 의견에 따르고 인정받으려 하는 태도를 줄이도록 해야 한다. 어떤 사람이 되고 싶은지에 관해서도 이제까지 생각하던 것보다 훨씬 더 많은 선택을 할 수 있도록 도와줄 수도 있다.

부모는 자녀가 자기 책임을 두려워하지 않고, 자기 의사를 가지고 당당히 살아가도록 도와주어야 한다. 그러나 그 도와주는 방법에 따라 정반대의 결과가 생기는 일도 있다. 그런 점을 다시 한 번 염두에 둘 필요가 있다.

자녀를 홀로 서게 해라

남의 탓으로 돌리는 것은 책임을 피하기 위해서다. 왜 책임을 무거운 짐으로 생각하게 되었을까? 남의 탓으로 돌려봐도 현실적으로는 아무 것도 달라지지 않는다. 불유쾌한 책임은 어쨌든 피해 보려고 하는 것이 사실이다. 남한테 반대 의견을 듣는 것은 아닌가, 애정을 잃게 되지나 않을까, 부모와 기타 자기를 염려해 주는 사람들이 손을 끊지는 않을까 하는 두려움을 갖게 된다.

자녀가 외부지향형 인간이 됨으로 인해 부모가 받게 되는 보답 가운데는 다음과 같은 것들이 있다.

외부 지향형인 아이는 자기 대신에 다른 사람이 무엇이든 선택해 주기를 바란다. 또한 이것으로 부모는 자녀의 인생을 지배할 수 있게 된다.

부모들이 자기 자녀들을 지배하는 것이 권력적 도취가 될 수 있다. 아이들에게 허락을 받게 하거나 끊임없이 부모에게 의지하게 하면 부모는 높은 위치에 오른 것처럼 생각되지만, 이 권력은 아이들 앞에서밖에 통용되지 않는다. 무한계 인간은 힘을 느끼기 위해 누군가를 컨트롤할 필요가 없다고 느낀다.

외부 지향형 아이는 넋을 잃고 듣고 있는 청중이다.

아이들은 하찮은 존재이고 부모는 위대한 존재여서 부모가 모든 일을 결정하며 자녀가 그것을 실행하게 된다. 이 정해진 순서는 자녀들이 자기 운명을 선택해 나가는 능력을 방해하기 위한 강력한 지원 시스템인 것이다.

문제는 그들이 어른이 되어서도 이런 상태가 계속될 것이고, 그리하여 일생 동안 책임을 피해 나가게 될 것이다. 아이들의 생활을 조종하고 일시적이라 하더라도 자신은 자녀들에게 있어서 중요한 존재라고 느끼고 싶기 때문에 실제로는 자녀의 자립과 성숙을 희생시켜 버리는 일도 있을 수 있다.

남의 인정을 받기 원하는 사람으로 키워진 아이는 일생 동안 안전한 범위 내에만 머무르게 된다.

부모가 대부분 안전을 택하기 때문에 시키는 대로 하는 아이, 다른 사람을 기쁘게만 하는 아이로 자라게 된다. 보기에 따라서는 남의 기대에 적합한 아이일 수 있고, 순종을 잘하는 아이가 될 수는 있지만 독창성을 가지고 사회에 공헌하는 사람으로 자랄 기회는 아이에게 주어지지 않는다.

모든 일을 남의 탓으로 돌리도록 배움으로써 일생을 외부지향형 인간으로 살게 만든다.

남의 탓으로 돌리는 것은 가장 간단한 자녀 교육법이다. 위험은 일체 없기 마련이고, 남을 비난하는 대부분의 사람—거의 모든 사람이 그렇지만—에게 인정을 받을 수 있다. 아이들은 책임

112

을 전가하게 되며 자기의 실패나 결점 등 모든 책임을 남에게 돌린다. 그러는 동안 부모는 위세 있게 몸을 뒤로 젖힌 채 이 세상은 얼마나 냉혹하고 불공평한가 하고 아이들과 공감한다.

의젓하게 앉아 세상의 가련한 상황에 동정하며 다른 사람은 어째서 모두 나쁜 사람일까 하고 토로하는 한, 부모는 아무것도 하지 못할 것이며, 한편 세상은 그 부모와 아들 곁을 지나쳐 버릴 것이다.

인생에서 선택의 여지가 없다고 믿도록 자녀를 키우게 되면 그 아이는 어른이 될 때까지 부모에게 의지만 하게 될 것이다. 결정은 부모가 해주는 것이라고 자녀에게 확신을 시키면 시킬수록 자기에게 의존하는 기간을 연장시키는 것이다.

그것에 의해 부모는 자신이 아이에게 있어서 소중한 존재로 생각될지는 모르지만, 그런 아이는 그 때문에 무한계 인간이 될 수 없으며 자유로운 삶을 살 수 없게 된다.

이상이 아이들의 선택을 불가능하게 하고, 남의 탓으로 돌리는 인간이 되도록 교육한 결과 얻어지는 것들이다. 고의로 그렇게 하고 있는 것은 아니겠지만, 그래도 결과는 마찬가지인 것이다.

이러한 태도를 제거하고 자녀들 각자가 자립적이고 홀로 설 수 있는 인간이 되도록 도와주며, 가슴이 울렁거릴 정도로 멋진 성취감을 맛보게 하기 바란다. 자녀들은 몸 깊숙한 곳으로부터 힘이 용솟음치는 것을 느낄 것이다. 또한 자기가 배의 선장이며 부모가 제작한 항해도대로 노를 잡고 있지 않은 통쾌한 기분을 맛보게 될 것이다. 그들이 자기라는 이름을 가진 배의 선장이 될 준비를 진행시키고 있는 모습을 즐기도록 하기 바란다. 그리고 그들이 출항하는 것을 보는 것에서 즐거움을 발견하기 바란다.

그렇게 하면, 성장함에 따라 그들이 자기 마음의 성장 전체에 책임을 지고, 자신감에 넘치게 될 것이며, 그것을 지켜보는 부모도 명예와 기쁨을 느낄 것이다.

또한 자녀들은 모든 일을 남의 탓으로 돌리는 것이 어리석은 행동이며 자기의 과오를 인정하지 못하는 것은 무기력한 사람이나 하는 일이라고 생각하게 될 것이다.

7
어떻게 하면 홀로 설 수 있는 아이로
자랄 수 있을까?

아이가 자기의 생각이나 감정을 선택하고, 남의 의견만 쫓으려
는 마음에서 벗어나 남의 탓으로 돌리거나 흠을 들추어내는 것을
근절하게 하기 위해 다음에 소개하는 것 가운데 몇 가지를 시도
해 보면 도움이 될 것이다.

"네가 그것을 선택했구나."라든가 "그것은 네가 스스로 만든
일이야." 등의 말을 대화 속에 넣는 것이다.

예를 들면 "어쩔 수 없지 뭐. 금년에는 나쁜 선생님을 만났으니
까." 하고 말하는 대신 "의견이 다른 선생님과 만나게 되는 일은
얼마든지 있단다. 그런 경우에 넌 어떻게 해야 좋을 것 같니?"라
고 말하는 것이다.

아이들이 자기들의 세계에서 일어나는 모든 일에 대한 책임은

가능한 한 자신이 담당하도록 해야 한다.

"선생님이 너를 혼란스럽게 만들었구나." 하고 말하는 대신 "네가 선생님한테 인정받고 싶은 마음을 앞세웠기 때문에 그런 일이 발생한 거야."라고 말해 보기 바란다.

사소한 일같이 생각될지 모르지만, 만약 이와 반대로 아이들이 이런 결과를 가져온 책임이 선생님한테 있다고 강조한다면, 결과적으로 앞으로 일어나는 모든 일을 남의 탓으로 돌리라고 가르치는 셈이 된다.

아이에게 비록 농담으로라도 "널 다치게 하다니 나쁜 의자로구나. 꿀밤을 먹여 줄까?" 하고 말해서는 안 된다.

그런 말을 하기보다는 의자는 놓여진 장소에 가만히 놓여 있는, 당연한 임무를 완수하고 있을 뿐이라는 것을 깨닫게 하기 바란다.

부상은 부상당한 사람의 책임이며 아이가 부딪힌 것은 생명력이 없는 물체의 책임이 아니라는 것을 분명히 하기 위해 이렇게 대답하는 것이 좋다.

"앞으로는 저 의자에 조심하도록 해라."

가정에서는 "누구누구는 나쁘다."는 증후군을 없애고 "해결법을 찾아보자." 하고 말하도록 한다.

누가 나쁜지를 찾아내어 책임을 지우는 것은 어리석은 행동이며 무엇이나 남의 탓으로 돌리는 사람이 되도록 가르칠 뿐이다. 문제를 파헤치는 것보다는 해결 방법을 찾도록 가르치기 바란다.

남의 탓으로 돌려도 아무런 해결책은 나오지 않는다. 그러나 남의 흠을 들추어내는 생각에서 벗어날 수 있다면, 그곳에는 해결책이 생겨나게 된다. 그렇게 하면 그와 동시에 보다 귀중한 교훈을 가르치게 될 것이다.

고자질에 끌려다니지 마라

끊임없이 부모에게 달려와서 다른 아이의 잘못을 고자질하는 아이는 남의 탓으로 돌리는 것을 배우고 있는 것이다. 부모가 고자질에 귀를 기울이면 외부지향을 강화시키고 있는 것이 된다.

"너 대신 엄마가 혼내 줄게. 너는 어떻게 할 수가 없으니까, 누가 나쁜 짓을 하면 언제나 엄마한테 알리러 와라."

고자질할 때 그대로 내버려두는 것은 이렇게 말하고 있는 것이나 다름없다.

수영장에 가 보면, 부모들이 아이들의 고자질 공세로 늘 괴로움을 당하고 있는 것을 볼 수 있다.

"엄마, 저애가 물을 끼얹었어!"

"저애가 나를 물 속에 가라앉게 했어!"

"저애는 뛰어다녀요. 엄마가 뛰어다니면 안 된다고 했는데."

꼬마 고자질쟁이들은 어떻게 해서든 부모의 주의를 끌어 보려고 한다. 아이의 고자질을 들어주는 것은 아이들로부터 아이들다움을 빼앗아 버리는 것이다.

고자질쟁이에게 가장 좋은 대답은 고자질을 어떻게 생각하고 있는지 솔직하게 말해 주는 것이다.

"난 고자질에는 흥미가 없어. 물을 끼얹으면 어떻게 해야 좋을 지 네가 생각해 보렴."

그렇게 짤막하게 말해 주는 것만으로도, 아이들은 어른의 주의를 끌려고 고자질하던 것을 그만두게 되며 아이들끼리 노는 방법을 생각하게 된다.

하지만 실제로 갓난아기에게 부상을 입히든가, 여동생에게 장난감을 던지거나 하는 것은 알리라고 해야 한다.

만약 형제자매 사이에 이런 종류의 위험한 행동이 자주 일어난다면, 그 원인을 주의 깊게 조사해 보아야 한다. 위험한 물건은 아이의 손 가까운 곳에 놓아두어서는 안 되며, 다른 아이나 동물을 아무렇지도 않게 다치게 하는 아이는 인격적으로 대단히 심각한 문제가 있을 수 있으므로 감시와 치료를 늦추어서는 안 된다.

그렇지만 대부분의 고자질은 이런 상태는 아니다. 보통은 부모의 주의를 끌어 보려는 작전, 동료가 있었으면 하는 전략이며, 작은 문제의 해결을 외부에서 구하려는 것이다. 그리고 자기 마음을 들여다보면서 자기 자신이 싸우려 하지 않는다.

엄하게 꾸짖은 다음 껴안아 줘라

만약 진실을 정직하게 말하면 벌을 받고, 그것에 의해 오히려 자신이 비참해진다는 것을 알게 되면, 아이들은 아마 거짓말을 하거나 다른 사람의 탓으로 돌릴 것이다.

자기의 잘못을 자백했을 때, 그것이 받아들여져서 부모로부터 위안을 받을지 어떨지를 아이는 아주 어렸을 적부터 알아차리게 된다.

3살 된 아이가 "내가 아가의 코를 때려 줬어." 하고 말했을 때, 엉덩이를 때리며 꾸짖기만 하고 애정을 베풀지 않으면 그 아이는 곧, "사실대로 말하면 나만 비참해질 뿐이야. 엄마도 나를 싫어하게 될 거야."라고 생각하게 된다.

그래서 다음에 또 아이가 울 때, "네가 때렸니?" 하고 물으면 "아니, 곰 인형이 때렸어."라든가, "난 못 봤어."라고 거짓으로 대답하게 된다.

아기를 때려서는 안 된다고 하는 것은 엄하게 말해 줘도 괜찮으며 매우 엄하게 꾸짖는 것이 좋다.

그러나 그런 다음에-이것이 가장 중요한 점인데-아이를 양팔에 꼭 껴안고 그 아이가 갓난아기의 일로 욕구불만이 되어 있다는 것을 다 알고 있다는 것과 그 아이를 대단히 사랑하고 있다는 것을 알려 주어야 한다. 그러고 나서 아기를 때리는 짓만은 해서는 안 된다고 덧붙인다.

말을 하고 나서 껴안아 주면, 아이가 자칫 혼란스럽지 않을까 염려하는 사람도 있다. 그러나 이런 대응법은 결코 모순된 것이 아니다. 아무리 나쁜 짓을 해도 아직 사랑을 받고 있다는 사실을 아이가 확실히 알게 하는 것이 좋다. 이러한 것에서 아이는 진실을 자백하는 것은 조금도 손해가 아님을 배우게 되며, 무슨 일이든 솔직하고 정직하게 부모에게 말하게 된다.

만약 벌을 주어야 한다면 애정을 가지고 벌을 주기 바란다. 애정은 가장 효과적인 교사인 것이다. 원망이나 노여움을 품어서는 안 된다. 말없이 벌하지 말기 바란다. 진실이 중요하다는 것, 그리고 "용서할 수 없는 짓을 해도 역시 너를 사랑하고 있다."고 말해 주어야 한다.

이것은 어느 연령의 자녀에게나 다 적용된다. 인간은 누구나 잘못을 범한다는 것, 그리고 그들을 대단히 사랑하고 있지만 잘못을 남의 탓으로 돌리는 것은 용서하지 않는다는 것을 분명히 가르쳐야 한다.

부모가 먼저 모범을 보여라

현재 당신의 위치는 당신 자신이 일생 동안 쌓아온 결과라는 사실을 잊어서는 안 된다. 그렇기 때문에 자신의 불행을 배우자 탓으로 돌리거나 의욕이 모자라는 것을 부모 탓으로, 재정적인 위기를 사회 탓으로, 지나친 비만증을 빵집 탓으로, 공포증을 아이들 탓으로 돌리거나 무슨 일이건 자기 이외의 탓으로 돌려서는 안 된다.

지금의 당신은 이제까지의 인생에서 당신이 해온 선택의 총체인 것이다. 설혹 부모가 자기에게 잘못을 범했다고 생각되더라도 부모 역시 그때는 그렇게밖에 할 수 없었노라고 이해해야 하고 사실을 인정해야 한다.

과거의 모든 사람과 화해하고 자녀들에게는 누구도 책망하지 않는 인간의 본보기가 되도록 유념해야 한다. 그리고 책망하고 싶은 그런 생활 환경이 되었다면, 아이들 앞에서 당신 자신을 바꾸어 보도록 힘쓰기 바란다. 경제적으로 힘든 것을 환경 탓으로 돌리는 것은 좋지 않다. 그럴 때 자녀들 앞에서 이렇게 말하는 것은 어떨까?

"나는 돈을 버는 일에 대해 최고로 잘했다고는 생각지 않는다. 하지만 지금부터라도 열심히 해보려고 한다."

또 어렸을 적에 제대로 교육 받을 기회가 없었다면, "나는 어릴 적에 공부할 수 있는 여건이 되지 못했다. 하지만 이제부터라도 부족했던 점을 보충하려고 한다. 어떤 일이든 너무 늦었다고는 할 수 없으니까 말이다."라고 말하는 것이 좋다.

병은 마음이 고쳐 준다는 사실을 가르쳐라

병이 났을 때 의사들에게 어느 정도까지 의지해야 할지 그 범위를 정해야 한다. 일생 동안 얼마나 병에 걸리느냐 하는 것은 마음의 자세와 매우 밀접한 관련이 있다는 사실을 아이들에게 깨닫게 해주는 것이 좋다.

최신의 획기적인 연구에 의하면, 마음에는 병을 고치는 능력이 있다고 한다. 비록 여기에 대해 의문을 가질 수도 있지만, 육체의 건강은 어느 정도까지 실제로 자신이 컨트롤 할 수 있다는 것을 아는 것이 중요하다.

두통, 복통, 혈압과 같은 여러 종류의 통증과 불쾌감, 또한 궤양, 피부 질환, 피로, 기타 대부분의 몸의 컨디션은 마음의 자세에 영향을 받는다. 몸이 허약한 것을 자신이 고칠 수 있다고 생각하고, 꼭 필요할 때 이외에는 약에 의존하지 않는 자녀로 키워 나가기 바란다.

흔히 있는 통증을 호소했을 때 즉시 약을 건네 주어서는 안 된다. 마음에는 병을 일으키는 힘이 있다는 것, 그리고 사람은 때때로 병에 걸리는 일이 흔히 있다는 것을 얘기해 준다. 아주 어릴 적부터 조금 아플 때마다 "병원에 가자."고 하는 부모가 있는데 이런 발상은 피하는 것이 좋다.

항상 의사 선생님한테 갔다오라는 말을 듣고 자란 아이는 평생 그렇게 되기 쉬우며, 의사라든가 약이 병을 고쳐 주는 것이라고 인식하게 된다.

그러나 실제로는 대부분의 경우, 의사라든가 약에 의해 병이 낫는 것은 아니다. 마음이 고쳐 주는 것이다. 이 훌륭하고 완벽한 창조물이 스스로를 치유하는 힘을 갖고 있다는 것은 참으로 많은 예를 통해 알 수 있다.

먼저 자기 자신의 힘을 믿고, 현대의 고도한 기술을 몸에 익힌 의사는 절실히 필요한 경우에만 이용하도록 해야 한다.

유전 탓을 하지 않게 해라

만약 아이가 유전을 빌미로 삼아 공부를 하지 않고 자멸적인 행동을 할 때는 아이에게 핑계거리를 주지 말고, 아이가 어떤 선택을 하고 있는지 상기시키게 한다.

"네가 수학 성적이 좋지 않은 것은 수학을 도저히 할 수 없다고 단념해 버린 데서 온 것이다. 어떻게 해서든 공부할 수 있는 방법을 찾을 수 있는데도 찾지 않고 수학 공부에 시간을 할애하지 않았기 때문이야. 머리가 나빠서 공부를 도저히 할 수 없다고 판단해 버리게 되면 온갖 수단을 써서 그것을 증명해 보이려고 한단다. 네가 수학 실력을 향상시키기 위해 무엇을 할 수 있는지 한번 생각해 보렴."

유전이라고 생각하는 것은 이 세상에서 최대의 핑계거리다. '수학이 뒤떨어졌던 아버지' 라든가 '뭐 하나 잘하지 못했던 할머니' 에 대한 기억은 떨쳐 버리고, 아이들이 있는 힘을 다해 자신의 능력을 마음껏 키워나갈 수 있도록 도와주어야 한다.

함께 달릴 수는 있어도 대신 달려줄 수는 없다

만약 아이가 지각을 되풀이하는 것 같으면 좀더 시간을 잘 지키도록 도와주자.

아침에 일찍 일어나서 제 시간에 학교에 갈 수 있도록 부모가 함께 계획을 세운다.

그러나 만약 자녀가 계속 약속을 위반하며 시간을 잘 지키지 못하면, 그때는 자기 행동의 결과에 대한 책임을 지게 하는 것이 좋다. 너무 지각을 많이 해서 점수를 따지 못하고 그 때문에 보충 수업을 받기 위해 반강제적으로 출석해야 한다면 그것은 당연히 받는 벌이므로 내버려두어야 한다.

아이들이 약속을 지키지 않고 무책임한 행동을 하는 것을 보고 있는 것은 부모에게 고통스러운 일일 수도 있지만, 자녀들이 마음을 돌이켜서 자기를 승화시켜 나가는 법을 조금씩 익혀가기 위해서는 아이들 자신의 노력을 통해서만 가능하다는 것을 마음에 새겨두기 바란다. 부모에게 아무리 고통이 되더라도 아이들 스스로의 경험에 의해 배워야 하기 때문이다.

지금도 잊을 수 없는 일이지만, 나는 어릴 때 가까운 시장에서 물총을 훔쳐 왔는데 아버지한테 꾸중을 듣고 되돌려 준 적이 있다. 나는 두려워서 어찌할 바를 몰랐다. 이번만은 너그러이 봐달라고 했지만 아버지는 허락하지 않았다.

"훔치는 것은 나쁜 일이다. 자기가 한 일에는 용기를 내어 맞서야 한다."

나는 곧 시장에 가서 물총을 돌려주고 사과하는 뜻으로 상품을 포장하는 일을 함으로써 훔친 대가를 아무 말 없이 감수했다. 그

후부터 훔치는 것은 두 번 다시 생각하지 않게 되었다.

이것은 숙제, 싸움, 결석, 기타 모든 일에서도 마찬가지다. 어느 연령의 아이에게나 있을 수 있는 일이지만 자기 일은 자기가 처리해야 한다는 것을 상기시켜야 한다.

모른다는 것을 무거운 짐으로 생각하지 않게 해라

부모는 언제나 자기가 옳다고 생각하는 사람, 잘못을 결코 인정하지 않는 사람, 자기가 취한 입장이 어리석었다든가 잘못되었다는 것을 알면서도 결코 생각을 바꾸지 않는 사람의 본보기가 되어서는 안 된다.

부모가 그런 모습을 보이면, 아이들은 항상 자기 쪽이 옳다고 하기 위해 '모른다'는 말을 하지 않게 된다. 이런 아이는 '모른다'거나 '알아보겠다'고 솔직히 말하는 것을 부끄러워하는 사람이 된다. 또 그런 아이는 과장하거나 거짓말을 하기 시작한다.

답을 모른다고 인정하기보다는 뭔가를 날조해내는 편이 낫다고 생각하고 있는 아이들을 나는 지금까지 많이 보아 왔다. 이런 아이들은 그들과 똑같은 일을 하고 있는 어른과 접촉해 왔기 때문이다.

이런 생각을 가진 어른에게 "국립극장까지 얼마나 더 가야 됩니까?" 하고 물으면, 그 사람은 국립극장이 어디에 있는지조차 모르면서, 혹은 그 이름을 들은 일조차 없으면서 설명하기 시작한다. 이 사람에게 있어서는 무엇을 알고 있는 것처럼 보이는 것이 '모른다'고 솔직하게 말하는 것보다 중요한 것이다.

이런 부모를 가진 아이는 사실은 아무것도 몰라도 어떤 질문에 대해서나 대답할 준비가 되어 있다. 마찬가지로 그런 가정에서 자란 아이는 자기가 말하고 있는 것을 모르고 있는 것이 분명한데도 주변 사람들에게 자기가 알고 있는 듯이 말하고 주장하게 된다.

부모는 자녀에게 모를 때는 모른다고 말하도록, 그리고 잘못했을 때는 솔직히 잘못을 인정하도록 가르쳐야 한다. 자기가 옳다고 억지를 부리며 잘못을 인정하지 않는 태도보다는, 잘못을 두 번 다시 되풀이하지 않겠다는 것을 부모는 훨씬 더 좋아한다는 사실을 분명히 가르쳐 주어야 한다.

만약 자신도 모르는 사이에 보험증서의 기한이 지나 버렸다고 할 때, 모든 사람에게 자신의 실수가 아니라고 입증할 수는 없다.

이런 일은 두 번 다시 일어나지 않도록 하겠다고 맹세하는 것만으로 족한 것이다.

"저쪽에서 알려주지 않았어."

"우편물이 도중에 없어진 게 틀림없어."

이런 식으로 말하는 대신, 자기의 잘못을 즉시 고치는 것이 좋다. 만약 이와 같은 발상으로 아이들을 키운다면 아이들도 똑같은 행동을 하는 사람이 될 것이다.

핑계를 대거나 올바르게 행동할 필요가 없다는 것을 일단 아이들이 알게 되면, 아이들은 그러한 본보기를 열심히 따르게 된다.

마음이 모든 것을 좌우한다는 것을 알게 해라

아이들이 마음에 상처를 받든가, 다른 사람한테 꾸중을 듣고 언짢은 기분이 되어 있을 때는 불쾌함의 근원이 자기 마음속에 있다는 것을 가르쳐 주자.

다음의 예를 보면, 위에서 언급한 것의 요점을 이해할 수 있을 것이다.

부모 : "걱정거리가 있는 모양이구나. 무슨 일이 있었니?"

아들 : "친구 때문에 화가 나요."

부모 : "무엇이 네 마음에 거슬렸는데 그러니?"

아들 : "야구할 때 주자가 두 명, 베이스에 내가 있었는데, 내가 삼진을 당하자 그 녀석들은 나를 무시하며 비웃었어요."

부모 : "네가 화난 것은 삼진을 당했기 때문이냐, 아니면 다른 아이들이 웃었기 때문이냐?"

아들 : "시합을 하다 보면 누구나 삼진 당하는 것쯤은 있을 수 있어요. 화가 나는 것은 것은 내가 방망이를 휘두르는 것을 놀려 댔기 때문이에요."

부모 : "가령 친구들이 너의 배팅 동작을 비웃은 것을 네가 몰랐다면 어떻게 되었겠니? 그래도 화가 치밀었을까?"

아들 : "그럴 리야 없겠죠. 모르는 일로 화낼 수는 없잖아요."

부모 : "그래, 사실은 친구들이 웃었기 때문이 아니란다. 네가 화가 난 것은 너 자신이 비웃음을 당하고 있다고 생각하고 있었기 때문이야."

아들 : "그냥 웃고만 있어서 처음에는 마음에 두지는 않았어요."

부모 : "그래, 바로 그거란다. 너는 친구들이 비웃고 있었다고 지레짐작을 하고 화를 낸 거야. 사실은 그저 너의 배팅 동작이 웃겼기 때문인데 말이야."

이 논리는 가능한 한 철저하게 짚고 넘어갈 필요가 있다. 다른 사람은 언제나 자기 좋을 대로 반응해 오는 것이다. 그 이유를 모르고 있으면서 부질없이 동요할 필요는 없다.

마음의 시그널을 선택하게 해라

아이들에게 무엇을 즐길 것인가를 자기 자신과 상의하도록 하고 다른 사람과 상의하지 않도록 가르치기 바란다.

옷을 골라줄 때는 무엇이 유행하는가를 생각하기보다는 자녀들이 무엇을 좋아하는가를 물어보는 것이 좋다. 이처럼 무엇을 좋아하고 무엇을 싫어하는가를 결정할 때, 자기 마음의 시그널을 음미하게 하면 할수록 내부지향형 인간으로 되어 간다.

자기 마음속을 들여다보는 습관이 붙게 될수록 자신을 얻게 되며 남의 생각이나 행동에 의존할수록 자신이 잃게 된다.

아이들은 부단히 외부를 관찰하고 남이 하고 있는 것을 민감하게 의식하고 있다. 찬찬히 관찰하는 것을 돕는 것은 좋지만, 고를 때는 무엇이 자기에게 적합한가를 선택하도록 습관을 붙여 나가야 한다.

예를 들면 양복을 살 때, 다른 사람이 모두 그 브랜드의 옷을 입고 있기 때문에 그 옷을 선택하는 것은 다만 그 패거리에 끼기 위한 것뿐이다. 그 양복을 입은 모습을 자기 자신이 아닌 다른 사람이 어떻게 생각할 것인가를 의식하고 있는 것이다. 이런 바람직하지 못한 병은 아이들에게 많은 영향을 끼칠 수 있다.

"이거 나한테 어울려요?"

아이가 이렇게 물어 오면, 부모는 솔직한 의견을 말함과 동시에, "네가 보기에는 어울리는 것 같니?" 하고 반드시 되물어 보아야 한다.

모든 기회에 자신이 선택하는 연습을 시키는 것이 좋으며 자녀들이 어릴수록 그 선택을 칭찬해 주어야 한다.

만약 외출용 원피스를 스스로 골라서 샀다면 이런 정도의 칭찬을 해주는 것이 좋다.

"그 원피스를 입으니 아주 멋진데? 그렇게 예쁜 옷을 고르다니, 눈썰미가 좋구나."

어렸을 때부터 자기 생각을 갖도록 적극적으로 강화시켜 주는 것은 매우 중요한 일이다. 사람은 남의 생각이 아닌, 자기 생각을 부단히 사용해야 하기 때문이다.

자기 생각대로 살게 해라

일관된 자기 생각을 가진 아이는 비위만 맞출 줄 아는 아이보다 인생에서 크게 한 발 앞서 출발했다고 할 수 있다. 언제나 남을 기쁘게 해주려는 것은 자기 인정을 밖에서 구하는 것이며, 그런 사람은 인생을 만족스럽게 살 수 없다.

만약 교장 선생님이 학생들에게 도저히 승복할 수 없는 교칙에 따르라고 했다면, 그때는 규칙을 바꾸는 방법도 있다고 아이들의 용기를 북돋아 주어야 한다.

"시키는 대로 하면 돼. 규칙이나 결정에 반항만 하는 것은 그만두거라. 누가 뭐라 해도 불평하는 것은 너뿐이잖니?"

이렇게 일방적으로 아이들에게 말하는 것은 실질적으로는 아이들을 무시하는 것이다.

아이들이 기성 세대의 권위나 어리석은 규칙에 대항할 때는 그들에 대해 먼저 긍정적인 입장에 서 주고 이야기를 들어 주어야 한다.

다른 사람이 언제나 해온 대로 하기만 한다면 그 아이의 성장은 바랄 수 없다. 아이 역시 어리석은 규칙에는 어른과 마찬가지로 강하게 반발한다. 그리고 아이에게 그런 생각은 집어치우고 적당히 대처해 나가는 편이 좋다고밖에 말하지 않는다면 무한계 인간이 되기보다는 노예가 되라는 셈이 된다.

부정한 것에 대항하는 데는 용기가 필요하다. 설혹 보잘것없는 생각이라도 아이의 의견을 처음부터 무시해서는 안 된다.

"너는 네가 믿고 있는 것을 끝까지 지켜 나가려고 하는구나."

그것을 매우 명예롭게 생각한다고 말해 주어야 한다. 그렇지 않고 "잠자코 다른 사람과 똑같이 행동하도록 해라."라든가, "그런 것은 잊어버리고 시키는 대로 해라."라고 말해서는 안 된다.

아이들은 자기에게도 무엇을 선택할 수 있는 힘이 있으며, 자기 세계는 자기가 어느 정도 컨트롤 할 수 있다고 느끼고 싶어한다.

성인이 된 사람도 주는 것을 무엇이나 그대로 받아들이는 그런 어른이 되기를 바라지 않을 것이다.

자기 주장을 하고, 시대에 뒤떨어진 방침에 대항해 나가기 위해서는 훈련이 필요하다. 부모의 편리만을 위해 아이들에게 억지로 취침 시간을 정하는 등의 행동은 삼가야 한다.

자녀와 능숙하게 대결해라

자녀를 충실히 돌봐 주더라도 그애들이 부모를 경시하는 것 같으면 그들에 대한 말과 행동을 곧 바꿔야 한다. 부모의 가정교육 방식에 의해 그들이 책임 있는 인간이 되느냐 아니냐가 결정되기 때문에 부모의 책임은 매우 무겁다.

"쓰레기를 버리고 와라." 하는 심부름을 아이가 거절했을 때, 억지로 시키면 몹시 반항할 것이라는 생각에 그만두게 되면, 그 아이는 쓰레기 버리기를 계속 거절할 것이다.

아이와의 대결은 피하기 어렵다. 그러나 무엇이나 심한 입씨름의 형태를 취할 필요는 없다. 몇 번씩 타일러도 듣지 않으면 쓰레기통을 아이 방에 놓거나 더 나아가서는 침대 위에 놓아두어도 좋다. 부모가 진심으로 시킨다는 것을 아이에게 알리게 하는 데는 그것으로 충분히 효과가 있다.

이와 마찬가지로, 만약 매일 아이들에게 도시락을 만들어 주고 있는데 그애들이 자기 책임을 다하지 않거나 부모한테 심한 말대꾸를 한다면, 그때는 도시락을 만들어 주는 특권을 중지하여 점심은 혼자 어떻게 해서든 때우게 하는 것이 좋다.

이렇게 함으로 부모는 자녀들의 종이 아니라는 것, 자녀들한테 혹사당하고 싶지 않다는 것을 아이들에게 보여줄 수 있게 된다.

그러나 이것에 대해 언쟁할 필요는 없으며, 위엄 있는 태도를 취하는 것이 좋다. 자식을 사랑하면서 항상 위엄을 보여야 하는데, 그것에 의해 부모가 진심으로 자기들을 사랑하고 무슨 일에나 무의미한 입씨름에 끌려들어 가거나 할 생각은 없다는 것을 아이들은 은연중에 깨닫게 된다.

아이들의 반발을 두려워하거나 그저 불쾌한 입씨름을 피할 생각으로 자녀의 자기 파괴적 행동에 눈감아 버리면, 아이에게 커다란 해를 입히는 셈이 된다.

끝없이 언쟁하는 것은 그만두고, 부모의 효과적인 행동으로 부모가 말하고 싶은 것을 보여주는 데 온 힘을 기울여야 한다.

아이들의 폭력적 태도는 사랑의 동작이다

10대 아이들이 부모에게 하는 천박스럽고 나쁜 말이나 행동에 대해 살펴보기로 하자.

아이들이 부모를 경멸하는 듯한 태도를 취하더라도 부모는 충격을 받아서는 안 된다. 실제로 아이들에게는 부모에게 심술궂은 말씨를 하여(특히 어머니에게) 경시하는 모습을 보이는 시기가 누구에게나 있게 마련이다.

나는 그런 태도를 너그럽게 봐줄 수가 없다. 아이들이 하나의 단계를 통과하고 있는 것이라는 생각 때문에 부모는 참아야 한다는 사람도 있지만 난 그렇게 생각하지 않는다. 아이들이 그렇게 하는 태도의 근원이 무엇인지 먼저 이해하는 것이 중요하다.

10대 아이들은 일반적으로 믿을 만하다고 생각하는 가까운 사람을 가장 경멸한다. 어찌 보면 모순된 것처럼 생각될지도 모르지만 사실이다.

아이들은 자신이 어떻게 행동하든 부모는 자기를 사랑하고 있다는 것을 알고 있다. 그래서 부모가 자신의 자신감 상실과 노여움을 토로하는 데 가장 안전한 사람이 되는 것이다. 어쨌든 위험은 최소한일 테니까 말이다.

만약 선생님, 친구, 이웃, 혹은 모르는 사람에게 그런 짓을 하게 된다면 굉장한 트러블을 야기하여 다른 사람의 욕설을 통해 따끔한 맛을 보게 될 것이다. 그러나 다정한 어머니나 아버지는 더러운 욕지거리를 하거나 어처구니없는 태도를 취한 후에라도 자녀를 사랑하는 사람이다.

간단히 말하면, 10대 아이들은 결코 자기한테서 사랑을 거두어들이지는 않을 것이라고 가장 믿고 있는 가까운 사람에게 그런 태도를 보이는 것이다. 그 가운데 어머니가 가장 노리기 좋은 표적이다. 그러므로 어머니 쪽에서도 이것은 사랑의 반대 표현이라는 것을 알아야 한다. 당신의 아이는 당신을 믿고 있으므로 당신 앞에서 가장 나쁜 면을 보인다고 생각해야 한다. 바꾸어 말하면 이것은 바로 애정의 표시인 것이다.

그러나 그럼에도 불구하고 고통인 것은 사실이다. 그래서 어머니로서 당신도 자기 방법을 선택할 수가 있다. 확실히 욕설을 듣고 참기만 할 필요는 없을 것이다. 그러나 우선 이해해야 할 것은 아이의 몸에 어른이 들어앉아 있는 것처럼 느끼고 있는 10대 아이들에게 있어서 이런 행동은 정상적인 것이라는 사실이다.

어쨌든 이것을 부모 실격의 표시로 간주해서는 안 된다. 실제는 그와 정반대이며 가장 불쾌한 면을 보여줘도 거부하거나 애정을 거둬들일 필요는 없다. 어머니는 신용할 수 있는 사람의 본보기이기 때문이다. 이것을 이해하게 되면 아이들의 난폭성에 말려드는 것을 최소한으로 줄이기 위해 창의성 있는 일보를 내디딜 수 있을 것이다.

표적이 되는 것으로부터 몸을 피하고 언쟁을 거절하며 아이들과의 사이에 약간 거리를 둘 수도 있다. 어쨌든 아이가 덤벼드는 것을 부모 실격으로 간주하여 반성의 재료로 삼을 필요는 없는 것이다. 그것은 잘못된 생각에 불과하다.

지금까지 지적한 몇 가지 제안은 어느 연령층의 아이에게나 적용되며, 이런 내부지향형의 자신 있는 인간이 되도록 부모는 당장 오늘부터라도 실천에 옮기는 것이 좋다.

부모는 아이들에게 모든 것은 자기의 마음속에서 일어나는 일로, 자신에게 책임이 있다는 것을 가르쳐 주어야 한다. 자기의 정신 세계를 경험하는 것은 본인뿐이므로 다른 모든 사람과 똑같은 사람이 되느냐, 자립하고 100퍼센트 능력을 발휘하는 사람이 되느냐 하는 것은 바로 자기 자신이 선택할 문제라는 것을 가르쳐 주어야 한다.

무엇이나 남의 탓으로 돌리는 것은 에너지를 낭비할 뿐이고 누구에게 책임이 있든, 또한 누가 비난을 하든 현실은 그런 것으로 변하지 않는다는 것을 자녀들에게 깊이 명심하도록 해야 한다.

다른 모든 사람을 만족시키려 하거나 책임을 회피하고 남의 탓으로만 돌리는 인간으로 살아가는 것이 아니라, 각자 내부에 존재하는 고유한 빛과 상담하라고 가르쳐야 한다.

19세기의 소설가 나다니엘 호돈은 다음과 같이 말하고 있다.

"모든 개인은 이 세계에서 차지해야 할 장소를 가지고 있다. 그리고 좋든 싫든 간에 그 어떤 점에서 중요한 존재이다."

자녀들이 무한한 생각을 가지고 선택하고, 사물을 보며 중요한 인간이 되는 것을 돕는 책임은 바로 부모에게 있다. 부모는 아이들에게 중대한 변화를 이끌어내게 할 수가 있다.

제 3 장

화내기와 미움을 모르는
아이로 키워라

| 화목한 가정에서 예의범절이 생긴다 |

'무한계 인간'은 분노에 의해 사기가 저하되지 않고 오히려 분발한다. 그들은 냉정을 유지하면서 창
조적이고 건설적인 해결책을 발견한다. ‥무한계 인간과 함께 일하거나 동석하는 것은 그래서 즐겁
고 기쁘다. 그들은 인생의 흐름에 거역하지 않고 그것을 따라간다. ‥자제심을 동반하여 생각하고
느끼고 행동한다.

1
평온한 가정에서 무한한 가능성이 자란다

인간은 누구나 평화로운 생활을 바란다. 아이들도 마찬가지다. 어느 아이나 모두 외면적으로나 내면적으로 평화롭기를 바라고 있다.

불안정한 기분을 없애는 것이 '무한계 인간'이 되는 데 도움이 된다고 나는 생각한다. 그러므로 부모는 불안한 감정을 뿌리치고 사물을 생각할 수 있는 아이로 키워야 한다. 부모는 아이가 평화롭고 밝고 명랑한 최고의 환경에서 자라도록 해줄 수 있다. 아이가 평소에 가정의 싸움에 말려들거나 그것을 보지 않도록 여러 가지로 손을 쓸 수 있다.

창의성을 막는 분노나 적의가 없는 환경을 만들고, 남에게 폐를 끼치지 않는 질서 있는 환경을 만들 수도 있다.

아이를 무한계 인간으로 키우려면 철저한 환경 조성이 필요하다. 쓸데없는 분노나 적의를 아이에게 접하게 해놓고 명랑한 아이가 되기를 기대하는 것은 무리이다.

늘 큰 소리로 호통을 치면서 난폭한 사람이 되지 말라고 말하는 것은 억지다. 혼란 속에서 자라게 해놓고 평화로운 인간이 되라고 말하는 것은 언어도단이다.

아이에게 어떤 환경을 만들어 줄 것인가는 부모에게 달려 있다. 어떤 종교를 갖느냐, 또는 정서적 환경을 어떻게 하느냐 하는 것 역시 부모가 결정할 일이다.

분노를 기조로 하는 환경이라면 화를 잘 내는 아이가 될 것이며 부부 싸움을 자주 하는 환경이라면 싸움을 잘하는 아이로 자라날 것이다. 아이가 보는 앞에서 부모가 자제심을 억제하지 않으면 자녀는 반드시 자제심이 없는 아이가 될 것이다.

무한계 인간은 자신의 생활이나 세계로부터 폭력을 없애고 싶어한다. 이 세상에는 분노나 적의가 충만되어 있다는 것을 알고 있으며 서로 증오하고, 싸우고 인류의 생존을 위협하는 무기를 자꾸 생산해 내는 결과가 어떻게 될 것인가를 알고 있는 것이다. 무한계 인간은 무서운 분노의 불꽃을 어떻게 해서든 이 지구로부터 추방해 버리고 싶어한다.

분노와 적의는 인간의 마음속에서 생겨난다. 대개 인간은 자신의 분노의 충동을 객관적으로 보는 훈련을 받을 기회가 없기 때문에 오로지 자기를 화나게 만든 세상만을 비난하는 경향이 있다. 그러나 사실은 그렇지 않다.

누군가에게 시비를 걸었더니 상대방이 화를 냈다고 하자. 그 경우, 분노는 화낸 사람의 내부에 있었던 것이다. 남이 화나게 만든 것이 아닌 것이다.

만일 이러한 분노나 적의가 당신이나 당신의 자녀에게 일어난다면, 그 감정은 원래 당신의 마음속에 있었던 것이다. 분노의 마음이 없었다면 그것이 나올 리가 없는 것이다.

오렌지를 예로 들어보자. 오렌지를 짜면 오렌지 주스가 나온다. 그것이 오렌지 속에 있었기 때문이다. 간단한 일이지만 이것은 진리다. 인간에게도 마찬가지다. 사람을 짜서 무엇인가가 나온다면 그것은 그 사람 속에 있기 때문이며 짜는 사람이 만들어 내는 것은 아니다.

2
싸움에 대한 기억은 아이를 비뚤어지게 성장시킨다

싸움은 인간 관계에서 흔히 일어나는 일이라는 생각은 고쳐야 한다. 싸움은 대부분 의사 소통을 단절시키고 서로의 거리를 멀어지게 하며 고혈압, 두통, 불만 및 신경성 궤양과 같은 심한 육체의 부조화를 초래한다. 가정에서 일어나는 싸움이 당연하다고 생각하기 전에 그 실상을 직시해 보기 바란다. 흥분한 말다툼, 분노, 특히 격렬한 울분은 당사자 모두에게 나쁜 영향을 미치고 가정 생활에 있어 최대의 번민이 된다.

가정에서 싸우는 광경을 보는 것은 좋지 않다. 하찮은 것이 원인이 되어 시작되는 싸움이 되풀이되다 보면 아이가 늘 기가 죽게 된다. 싸움은 즐거운 일도 아니고, 부모나 자녀에게 조금도 도움이 되지 않는다.

싸움이 자연스런 현상이라고 변호하는 것은 참으로 언어도단이다. 사람이 함께 살아가다 보면 의견이 서로 다를 경우도 생기고, 자기 자신을 보호하는 주장을 할 권리도 모두에게 있다. 그러나 어떤 형태의 것이라도 말다툼이나 싸움은 인간에게 좋은 것이 아니다.

누구나 찢어지는 목소리로 야단맞거나 말이나 완력으로 위협받는 일은 싫어한다. 성격이 서로 다른 사람이 함께 살고 있는 이상 가정에서 싸움이 일어나는 것은 당연하다고 정당화시켜서는 안 된다. 의견의 불일치는 있을 수 있다. 그러나 싸움만은 피해야 한다.

싸움에는 여러 가지 형태가 있는데, 여기서 말하는 싸움은 친근한 관계에 있는 사람들 사이의 다툼으로, 비생산적이고 어떤 식으로든 당사자에게 손해를 끼치는 것이다.

특히 아이를 상대로 하거나 아이가 보는 앞에서는 더 유해하다. 가정 내의 싸움을 피하고 싶다면 다음 사항을 꼭 기억하기 바란다.

싸움은 사람을 비참한 기분을 갖게 하여 불필요한 고통을 가져다준다. 아이의 마음에 깊은 상처를 남게 하며 성장한 후에는 논쟁을 해결하는 수단으로 싸움에 호소하는 것을 가르치게 된다. 그러므로 아이를 무한한 능력을 발휘하는 인간으로 키우고 싶으면, 그리고 부모 자신이 무한계 생활을 조금이라고 맛보고 싶으면, 싸움은 변호할 가치가 전혀 없다는 것을 알아 두어야 한다.

3
가정에서 분노를 없애는 조건

    가정에서의 싸움 가운데 대부분은 일종의 습관적인 것으로, 피하려고 생각하면 피할 수 있는 것들이다. 부모와 자녀의 싸움을 없애는 특별한 방법을 생각하기 전에 분노라는 감정에 대해 살펴보기로 하자.

    분노에 대해서는 여러 가지 의견이 분분하다. 자연스러운 일이라는 사람이 있는가 하면, 파멸적인 것이라는 사람도 있다. 각자 놓여 있는 상황은 다르겠지만, 다음에 소개하는 것은 누구에게나 적용되는 이야기일 것이다.

화내면 아무 일도 되지 않는다

    화를 잘 내는 사람이 능률적으로 행동할 수 없다는 것은 잘 알려져 있다. 인간은 화가 나면 파멸적인 행동을 하게 된다. 그런 만큼 자신 속에서 일어나는 분노를 다스리지 못하게 되므로 관심을 가져주는 사람도 없어지게 된다.

가정 내의 싸움을 줄이기 위해서는 분노라는 이 난폭한 감정의 흐름을 부모와 자녀가 가꾸도록 해야 한다. 분노의 에너지는 변화시키거나 그 흐름의 방향을 바꿀 수 있다.

부모가 자녀의 분노에 지배를 받지 않으면 자녀에게 가르치면서 동시에 부모 자신들도 분노를 억제할 수 있게 된다.

아무도 분노를 폭발시키고 있는 사람과 함께 있고 싶지는 않을 것이다. 그러므로 분노를 더없이 자연스러운 것이라고 말하지 말고, 그것을 보다 온화하고 즐겁게 만드는 것으로 대체시키도록 노력해야 한다.

아무도 자녀가 분노나 증오의 마음을 품고 자라는 것을 바라지는 않을 것이다. 분노를 발산시키는 사람 곁에 있는 것이 얼마나 괴로운 일인지 잘 알고 있을 것이다.

아이의 얼굴에 분노가 나타나고 그것이 격해지면 얼굴 전체에 고통이 나타나게 된다. 이처럼 마음속이나 밖으로 향한 분노의 폭발이 아이에게 해롭다는 것을 우리는 익히 잘 알고 있다.

아이가 무한계 인간이 되게 하기 위해서는 아이가 화를 잘 내는 성격의 노예가 되지 않도록 해야 한다. 아이들이 자신들의 생활로부터 분노의 감정을 없애 버린다면, 좀더 생산적이고 행복하고 즐거운 인생을 보내게 될 것이다. 그러기 위해서는 우선 부모가 이 사실을 이해함과 동시에 그 상태를 그대로 보아 넘기지 말고 자녀에게 가르쳐 주어야 한다.

아이가 화를 폭발시키는 것은 무슨 특별한 정신적 장애가 있어서가 아니라 대개의 경우, 그것이 효과를 거두기 때문이다.

아이가 짜증을 내면, 어쩔 수 없이 그것을 받아 주게 되어 결국 좋지 않은 결과를 가져온다. 분노를 겉으로 나타내는 것이 자기가 바라는 것을 손에 넣는 데 효과적인 방법이라는 것을 아이들은 어릴 때부터 익히게 된다.

갓난아기 때 금방 안아 주지 않는다고 울어대는 것에서부터, 풍선껌을 사달라고 구멍가게 앞에서 나뒹구는 일에 이르기까지, 그 행위가 효과가 있는 동안에는 계속된다. 분노를 받아 주는 것은 아이에게 이렇게 말하고 있는 것과 같다.

"네가 좋아하는 것을 하고 싶으면 야만인처럼 마구 떼쓰면 된다. 그래도 안 되면 화를 내보렴. 마침내 네가 좋아하는 것을 손 안에 넣을 수 있을 거야."

행동의 수정이 필요한 것이다. 다만 분노의 마이너스 반응에 의해 수정되어야 하는 것은 부모의 행동이다. 부모 자신이 화를 잘 내고 있지는 않은지 살펴야 하며, 그렇게 하지 않으면 그 자녀는 어른이 되어서도 마찬가지 행동을 할 것이다.

"나는 원래 성질이 급해. 나로서는 어쩔 수 없는 일이야. 이건 유전이라구."

이처럼 주위 사람들에게 신경질을 내면서도 자기 자신은 아무렇지도 않게 생각하는 사람은 그 자녀도 그와 마찬가지로 성장하게 된다.

아이의 분노를 내버려두고 발뺌하지 마라

자녀가 화를 내서는 안 된다는 것을 가르칠 때는 '변명은 소용없다'는 방식을 취해야 한다.

분노를 정면으로 대결하는 것을 두려워해서는 안 된다. 아이의 생활로부터 제거하고 싶은 것을 부주의로 인해 오히려 강화시켜 주어서는 안 된다. 화를 내거나 떼를 쓰는 태도, 짜증, 이치에 맞지도 않는 말에 져버리는 것은 아이에게 일생을 통하여 그런 방법으로 살아가도록 가르치는 셈이 된다.

"할 수 없구나, 꼭 삼촌을 닮았으니."

"넌 너무 성질이 급해서……."

"넌 어느 때는 명랑하지만, 마음속의 악마가 가끔 얼굴을 내민단 말야."

"애들은 누구나 다 짜증을 내거든. 인간이라면 당연한 일이지."

즉 자녀들이 일생 동안 이성적으로 살아가도록 하려면 이런 변호는 일체 피해야 한다.

무한계 인간이 되려면 지혜가 필요하다는 사실을 될 수 있는 한 빨리 가르쳐 주어야 한다. 마음을 억제하고 자신의 감정의 반응에 책임을 져야 한다는 것을 깨닫게 해주어야 한다.

그런데 화를 자주 내며 자라난 아이는 완전히 이와는 반대로 배운다는 사실이다. 화를 내는 것은 자기들 탓만은 아니며 분노의 발작은 자기들로서는 어쩔 수가 없다고 생각한다. 그래서 부모가 너그럽게 봐주면 화내는 자신을 믿어 버리게 된다.

아이들이 자신의 생각을 제어하는 방법은 많이 있다. 분노는 이 세상 사람이나 사물로부터 나오는 것이 아니라 사람이 세상을 어떻게 바라보느냐에 의해 생기게 된다. 이런 사실을 아이에게 확실히 깨닫게 해주는 것이 중요하다.

화나는 일을 생각하게 되면 그 마음속의 생각이 육체의 표면에 나타나게 된다. 누군가가 자기 장난감을 갖고 놀았다고 말하며 화내는 경우, 화내고 있는 것은 장난감에 대해서도 아니고, 그 장난감을 사용하여 놀았던 아이에 대해서도 아니다. 그저 자기 장난감을 갖고 논 것 자체에 화가 나서 '어째서 내 장난감을 갖고 놀지? 저 녀석을 한 방 때릴까, 큰 소리로 아빠한테 일러바칠까?' 하는 분노를 마음속에 품기 시작한다.

그리고 화나는 생각이 육체에 반응을 일으킨다. 얼굴이 빨개지고 혈압이 오르고 입을 꽉 다물고 주먹을 움켜쥐게 된다. 이 화나는 생각이야말로 분노를 없애기 위해 아이가 활용하지 않으면 안 되는 것이다.

분노가 사람에게 좋지 않다는 것은 더 이상 말할 필요조차 없다. 그러나 나쁜 성격에 대해 화를 내고, 다음에는 좀더 좋은 성적을 올리겠다고 화내는 것은 좋은 일이며 이 세상의 부조리에 화를 내서 흑백을 가리려고 싸우는 것도 훌륭한 일이다. 이런 것들은 분노의 건설적인 사용 방법이라 할 수 있다. 그리고 이 분노가 아이에게 보다 좋은 행동을 하도록 채찍질해 준다면 대환영할 일이다.

그러나 많은 경우, 분노는 그렇게 좋은 방향으로만 작용하지는 않는다. 분노는 대개 그 분노를 품은 사람의 적극적인 기분을 없어지게 하고, 분노의 대상이 되는 사람들을 희생시킨다. 이런 적극적인 생각을 없애 주는 분노는 불건전하고 위험성이 있으며 무한계 인간이 되려는 사람에게 크나큰 장애가 된다.

화내지 않는 모범을 보여라

어른이든 아이든 성질이 급한 사람은 상대방을 자신이 원하는 방향으로 조종하기 위해 위협하는 일이 많다. 이런 사람들은 자신의 불쾌감을 주위 사람들이 싫어한다는 것을 잘 알고 있으면서도 상대방의 전형적인 반응을 이용해 자신의 작전을 성공시키려 한다.

하찮은 일로 분노를 폭발시키면 주위 사람이 곤란해진다는 것을 알고 있어서 그 사람들의 증오를 이용하고, 그 사람들의 평화를 희생시켜 자신의 권력이나 명예욕을 충족시키려는 것이다.

10대 아이들은 텔레비전의 어느 프로를 볼 것이냐로 가족이 말다툼에 말려들었을 때, 모든 식구들이 사태를 악화시키지 않으려는 것을 이용하여 대개는 자신의 의사를 관철시킨다.

매우 성질이 급한 아이가 입을 뾰로통하게 내밀고, 화를 내고 물건을 내던지는 일이 생기면 대부분 부모는 이 폭발을 참아 주고 평화를 원하기 때문에 아이의 말을 들어주게 된다.

또 부모를 화나게 만듦으로써 아이들은 그 나름대로 큰 이익을 얻는다고 생각한다.

"자, 이번엔 아빠를 해치웠단 말야. 아빠가 호통을 쳤지만 나중에는 완전히 손을 들 거야. 잠시 방에 틀어박혀 있기만 하면 된다구."

이처럼 아이의 분노를 억제시키지 않은 채 대응하게 되면 아이한테 끌려다니게 될 뿐이다. 약간의 벌을 각오하기만 하면 아이는 부모의 분노를 이용할 수 있다. 최종적인 이익은 약간의 벌을 받는 것 이상의 것이니까 말이다. 아이가 부모의 분노를 이용할 수 있게 되면, 그 아이는 언제까지나 그 짓을 할 것이다. 분노는 신경의 두 날을 가진 칼이다. 상대방에게 그 칼을 사용하도록 하고, 그 칼을 피하려면 할수록 상대방에게 이용당한다. 상대방의 행동에 대해 화나는 생각을 품으면, 그 분노 때문에 마음의 상처를 받게 된다.

그러므로 해결법은 단 한 가지뿐이다. 자녀가 아무리 기대하더라도 부모는 화내지 않는다는 것을 가르쳐 주어야 한다.

일반적인 가정생활 속에서 일어나는 분노의 폭발은 대부분 그

150

다지 큰 소동이 아니라고 생각될지도 모른다. 그러나 분노를 방치해 두어서 가정을 생각대로 조정하는 도구로 만들어 버리면, 아이는 일생 동안 약한 자를 협박하며 책임을 지지 않아도 되는 기본 전술을 몸에 익히게 될 것이다.

무서운 폭력 행위의 시작은 성미가 급한 분노에 있는 수가 많고, 분노를 폭발시켜 버리면 언제까지나 비참한 생각을 간직하게 된다.

격정에 의한 범죄의 대부분이 "저 아이는 그런 짓을 할 사람이 아니다. 자신도 모르게 그랬음에 틀림없고, 다시는 안 그럴 것이다."라고 변호 받는 데서 일어난다. 이런 변호가 있기 때문에 분노의 폭발에 의한 비극이 실제 생활에서 되풀이해서 일어나게 되는 것이다. 자기를 주장하고 그것을 관철시키는 데에 분노를 사용하는 것은 어리석은 짓이라는 사실을 깨닫도록 해야 한다.

자기의 욕망을 달성시키는 데는 육체적이 아닌 정신적 에너지를 사용해야 한다고 가르쳐 주어야 한다.

그러나 화를 겉으로 드러내는 것은 그것을 마음속에 간직하고 있는 것보다는 훨씬 낫다. 숨겨진 분노는 결국 언젠가는 흘러나오게 마련이다.

아이들이 화나는 생각을 품거나 자신들의 감정을 표면에 나타내는 것은 허용해도 좋다. 다만 어느 누구에게나 피해를 주어서는 안 된다는 것이다. 이것이 우리들의 궁극적인 도덕이다.

분노는 억제하지 말고 발산시키는 것이 좋다. 아이들의 참을성

부족에서 오는 욕구불만은 충분히 발산시켜야 한다. 그러나 타인에게 피해를 주어서는 안 된다.

한 시간 동안 뾰로통해진 얼굴을 하고 있다거나 베개를 주먹으로 때린다거나 축구공을 발로 차버리는 것은 상관없다. 그러나 타인에게 큰 소리로 화를 내거나 소리를 지르거나 때리거나 난폭한 짓을 하게 해서는 안 된다. 그 타인이 누구든 모두가 함께 살아가지 않으면 안 되는 사회이므로 이것을 허용해서는 안 된다.

분노를 평화로 바꾸는 무한계식 방법을 사용하게 해라

자신의 분노를 아무에게도 피해나 불편을 주지 않고 폭발시키는 방법은 마음속에 품고 있다가 결국 나중에 폭발시키는 것보다 훨씬 건강하다. 분노를 일단 가지면 그 배출구를 찾는 것이 좋다. 그러나 처음부터 분노를 품지 않는 것이 가장 좋은 방법이다.

다른 사람과 생각이 달라도 그대로 받아들이는 것이 화를 내는 것보다는 훨씬 낫다. 마음을 건설적으로 사용하는 것, 분노에 의한 마음의 고통을 피하는 것, 될 수 있는 대로 건강한 방법으로 자기를 생각하는 것이 바로 무한계식 방법이다.

아이들에게는 다음과 같은 분노의 단계를 밟아 올라가도록 하는 것이 좋다. 분노를 단지 남을 조종하는 수단으로 여기는 것에서부터 마음을 돌이켜 다른 사람에게 피해를 주지 않고 발산하며, 궁극적으로는 평화로운 마음이 되어 처음부터 분노를 품지 않는 경지에 도달하게 해야 한다.

시인인 아이작 와츠는 다음과 같이 쓰고 있다.

하나님께서 만드신 대로

개는 짖고 물어뜯도록 하라.

곰과 사자는 으르렁거리고

싸우도록 놔두어라.

그것이 그들의 본성이라면

그러나 어린이들이여,

너희들은 화내서는 안 된다.

너희들의 손은

상대방의 눈을

상처내기 위한 것이 아니노라.

아이가 이 세상을 볼 때 세상은 분노가 흘러 넘치는 장소가 아
니라 멋지고 평화로운 장소라는 것을 알고 자라도록 해야 한다.
화내지 않으면 자기를 생각해 주지 않는다는, 괴로움과 혼란 속
에 있는 것이 아니라 자신의 운명은 자기 스스로 개척해 나갈 수
있도록 해주어야 한다. 이것 역시 평화의 마음으로 아이들을 인
도할 때 잊어서는 안 되는 것이다. 화내지 말고 마음의 평화를 갖
도록 가르쳐야 한다.

4
왜 가정교육이 성공하지 못하는가?

아이들은 대부분 '가정교육'이라는 말을 비관적으로 생각하며 성장한다.

"네가 해야 될 일을 하지 않으니 가정교육을 시켜야겠다."

"행실을 똑바로 하는 가정교육이 너한테는 필요하다."

가정교육이라는 말은 아이들의 마음속에 벌과 관련되게 만든다. 벌받는 것이 싫으므로 당연히 아이들은 가정교육을 싫어하게 되며 아이들은 가정교육이란 부모로부터 강요받는 것이라고 믿어 버린다. 그래서 벌과 같은 것이라고 생각하기 때문에 될 수 있는 한 피하려고 한다.

가정교육이 완전히 새로운 의미를 갖도록 하려면 징벌적인 것이 아니라 즐거운 것으로 생각하도록 가르쳐야 한다.

가정교육이 적극적인 색채를 띠게 되면, 아이들은 정말로 중요하고도 유일한 장소를 가정에 두게 되고 마음속으로부터의 가정교육이 될 수 있다.

나는 과거 9년 동안, 하루도 빠짐없이 매일 13킬로 이상씩 달리기를 하고 있다. 또 최근 10년 동안에는 될 수 있는 대로 설탕이나 탄산음료는 마시지 않아 왔으며 많은 논문과 책을 써 왔다. 그리고 오래 전부터 날마다 올바른 방법으로 이를 닦고 있다.

이렇게 하는 일들은 과연 내가 윗사람한테 혼나는 것이 두려워서는 아닐 것이다. 내가 하고 싶으니까 하는 것이다.

나는 매일 운동하는 것이 즐겁다. 책상 앞에 앉으면 글을 쓰고 싶은 마음이 생기고 이를 닦을 적마다 치아의 건강을 위해 좋은 일을 한다고 생각하면 기분이 좋아진다. 그래서 하는 것이다.

가정교육이라는 것은 소극적인 것이 아니라 적극적인 것이다. 아이들이 자신을 단련시킬 필요가 있는 것은 그 단련의 결과를 내면적인 보답으로써 경험할 수 있기 때문이다. 단련은 재미있으며 그 보답이 있고, 기분을 북돋아주어서 아이들에게 자신들의 생활을 컨트롤하고 있다고 강하게 느끼게 해준다.

지금 여기서 설명하고 있는 이런 내면적인 단련은 현대사회에서는 그다지 실행되고 있지 않은 것이 사실이다. 학교에서는 규율이 엄격한 선생님이 필요하다고들 말한다. 대개 선생님이 교실에 있는 동안에 학생들은 예의범절을 지키고 있지만, 선생님이 교실을 나가 버리면 반 전체가 대소동을 일으킨다.

진정으로 강력한 선생님이란 그 선생님이 교실에서 나가 있어도 학생들의 행동에 조금도 변화가 일어나지 않는 선생님을 가리킨다.

우리가 바라는 것은 선생님이 교실에 있든 없든 예의범절을 잘 지키는 아이다. 인생에 있어서 선생님이 언제나 곁에 붙어 있지는 않는다. 학교 생활이 끝나고 세월이 흐르고 나면, 스스로 자신을 규제하는 것이 얼마나 중요한가를 확실히 인식하게 된다.

늘 감시인이 붙어 있지 않으면 안 된다면 그 사람들은 공포심 때문에 예의범절을 잘 지키고 있는 것이지, 가정교육 때문만은 아니다.

예의범절을 지키게 해라

예의범절이 어느 권위자에 의해 강요당하는 것이라고 생각하고 있는 사람에게는 어떻게 행동하면 좋은지를 가르쳐 주는 것이 필요하다. 하루라도 상사가 없으면 어떻게 해야 좋을지 모르기 때문에 누군가 보고 있지 않으면 태만해진다. 말하자면 누군가가 보고 있을 때만 예의범절을 지키도록 교육받은 사람은 일생 동안 마음의 예의범절을 익히지 못한 채 끝나게 된다.

부모로부터 가정교육을 강요당한 아이는 이와 마찬가지로 딜레마를 경험한다. 언제, 왜 예의를 잘 지켜야 하는가?

어른에 의해 엄격하게 가정교육을 받은 아이는 자신을 억제하는 분별력을 갖고 있지 못하다. 그래서 부모가 곁에 있는 동안에

156

는 예의를 잘 지키지만, 부모가 여행이라도 떠나면 아이는 제멋대로 행동한다. 한시도 눈을 팔아서는 안 되며 눈을 팔면 혼란이 일어난다.

"아빠도 엄마도 없으니까 내 마음대로 놀자. 집에 있는 술도 마셔 봐야지. 술이 줄어들어도 눈치채지 못할 거야. 늦게까지 밖에서 놀아도 알 턱이 없으니까 하고 싶은 대로 해야지. 누가 보고 있지 않은데 뭐."

이것이 바로 가정교육을 윗사람으로부터 강요받으며 성장한 아이의 심정이다. 이런 아이들이 막상 자립할 때가 되면 어른으로서의 책임을 질 마음의 준비가 되어 있지 않기 때문에 마치 7살짜리 아이처럼 된다. 왜 그럴까?

그 이유는 가정교육이 징벌과 연결되어 있기 때문이다. 벌을 받기 싫으면 예의범절을 지키라고 가르침을 받아온 것이다. 그러므로 예의범절로부터 자꾸 거리가 멀어지고, 그 결과는 감시 받지 않을 때에만 나타나게 된다.

일생을 통해 지침이 되는 윤리의 기준을 자녀가 몸에 익히도록 해주는 것이 바로 가정교육이라고 생각한다.

무한계 인간은 보고 있는 사람이 누구든 간에 절대로 자기를 속이지 않는다. 예를 들어 점원이 실수로 잔돈을 더 주었다면 반드시 그 잔돈을 되돌려 준다. 그렇게 하지 않으면 붙잡히게 된다는 두려움 때문에 그러는 것이 아니라 정직이라는 깨뜨릴 수 없는 정신적인 규칙이 그에게 있기 때문이다. 이 규칙을 깨뜨리는 것은 자신의 개성을 손상시키는 것이라고 믿는다.

무한계 인간은 자신의 행동을 다른 사람도 하고 있기 때문이 아니라 자신의 마음속에 있는 것을 기준으로 판단하게 된다.

아이들은 자신의 가치관을 형성하는 데 마음의 예의범절을 몸에 익힐 필요가 있으며 부모들이 그 협력자가 되어 주어야 한다.

자녀에게 예의범절을 강요하느냐, 혹은 처세술로써 내면적인 예의범절을 자녀가 몸에 익히도록 도와주느냐에 따라 그 아이가 일생 동안 갖는 가치관이 결정된다.

아이들이 내면적인 예의범절을 몸에 익히면 부모가 집이나 같은 동네에 있지 않아도, 아니 외국에 나가 있어도 자녀들의 행동을 염려하지 않아도 된다.

부모는 자녀가 자기의 가치판단에 의해 행동한다는 것을 알고 있기 때문이다.

꾸짖을 때는 반드시 설명해 줘라

효과적인 내면의 예의범절은 아주 어렸을 때부터 몸에 익혀진다. 물론 아주 어린아이에게 간단히, "갓난아기의 얼굴을 때리면 안 된다."라고 말해 주고 아이가 무서워하지 않도록 다정하게 설명해 준다.

"갓난아기는 너무 작아서 네가 때려도 맞을 수밖에 없지. 하지만 이 세상에 맞고 싶은 사람은 아무도 없을 거야. 너무 아프다는 걸 잘 알고 있으니까 말야. 엄마가 없을 때 아기를 때리지 말아라. 모두가 사이좋게 지내는 걸 엄마는 바란다."

아기를 때려서는 안 된다는 생각을 마음에 정착시키는 것이 효과 있는 가정교육이다.

"앞으로 또 때리는 것을 보면 엉덩이를 실컷 때려줄 테다."라고 말하는 것은 아이에게 '앞으로 갓난아기를 때릴 때는 아빠와 엄마가 없는 것을 확인해라. 그렇게 하면 맞지 않아도 되니까.' 라고 생각하게 만든다.

아이를 위협하거나 어른의 몸이 크다는 것을 이용하여 제재를 가하면, 안 보이는 곳에서 몰래 나쁜 짓을 하라고 가르치는 꼴이 된다.

아이에게 가정교육의 이유를 이해시키고 잘못이 발각되면 꾸지람을 받는 것과는 관계없이 마음속에 기억해 두어야 한다고 가르치는 것은 효과 있는 가정교육이다.

이것은 어느 연령의 아이에게나 다 해당된다. 안전 운전이나 자동차의 벨트를 매는 것은 부모를 걱정시키지 않기 위해서나 교통 법규에 위반하지 않기 위해서가 아니라, 사고를 일으키지 않기 위한, 또 사고가 발생했을 때 몸을 보호하기 위한 최선의 방법이라고 가르쳐야 한다.

즉 이 가르침은 내재적이지 않으면 안 된다. 속도를 내지 않는 것은 경찰한테 붙잡히지 않기 위해서가 아니라, 자신의 생명과 특히 아무 잘못도 없는 다른 사람의 생명을 위험에 빠뜨릴 염려가 있고 부도덕한 행위이기 때문이다. 담배를 피우지 않는 것은 다른 사람이 피우지 말라고 해서가 아니라, 자신의 몸이 귀중하므로 항상 소중하게 생각하기 때문인 것이다.

확실히 아이에게는 지침이 필요하므로 어렸을 때는 금지할 필요도 있다. 그러나 이때는 반드시 이해할 수 있도록 설명을 해주어야 한다.

특히 중요한 것은 아이들 자신이 하는 모든 일에, 스스로가 익힌 윤리 기준에 의해 대처하도록 가르쳐 주는 일이다.

아이들을 한 순간도 눈을 떼지 않고 감시할 수는 없는 일이며 언제나 보고 있을 수가 없다.

어렸을 때 아장아장 걸어다닐 때를 제외하고 어느 연령이 되면 부모 곁에 있는 것보다 떨어져서 사는 시간이 더 길어진다. 부모가 엄격하게 감시하고 있을 때보다 곁에 있지 않을 때 어떻게 생각하고 어떻게 행동하느냐가 바로 그 아이가 몸에 익힌 가정교육의 정도를 나타낸다.

내면에 확고한 윤리 기준이 있으면 아이들은 반드시 적극적인 무한계 방식으로 행동한다. 그러나 그 윤리를 부모가 강요한 것이라면 아이는 부모를 위해서 예의범절을 지킬 뿐이다.

그리고 나중에 아이가 내면적인 가정교육을 가장 필요로 할 때 가정교육을 하는 부모가 곁에 없으면, 그 아이는 손을 쓸 수 없는 상태가 된다. 그것은 마치 선생님이 교실을 떠났을 때의 아이들과 마찬가지 상태다. 선생님이 교실에 없을 때라도 학생을 신뢰할 수 있게 하려면 협력하여 자주적인 환경을 만들고, 보다 좋은 공부 분위기를 만들도록 학생들을 유도해야 한다.

가정에서도 마찬가지다. 아이들에게 왜 지금 공부하지 않으면 안 되는가, 왜 규칙 같은 것이 있는가를 가르쳐 주어야 한다. 그렇게 하면 나중에 자기 단련이 필요해졌을 때, 그 지침을 자기 안에서 발견할 수 있게 된다.

분노, 무기력, 협박, 혹은 단순한 힘으로 강요한 가정교육은 부모가 보고 있지 않을 경우에는 힘을 발휘할 수 없다.

5
부모와 자녀가 즐겁게 살아가는 방법

아이에게 무엇인가 주의를 줄 때는 해결책을 찾아야 하며 문제를 들쑤셔 놓아서는 안 된다. 다음에 그 예를 소개하겠다. 문제를 들쑤셔서 오히려 문제를 만드는 부모와 해결책을 찾는 부모의 사례이다.

문제를 만드는 부모 : "너는 심부름을 조금도 하지 않는구나. 늘 거기까지는 생각이 미치지 않지?"

해결을 구하는 부모 : "네가 만약 내 입장이었다면 어떻게 하겠니? 네가 난 아들이 그런 무례한 말을 했다면 넌 어떻게 할 것 같니?"

문제를 만드는 부모 : "넌 엄마를 조금도 도와주려고 하지 않으니 정말 무책임하구나."

해결을 구하는 부모 : "이것은 네가 책임을 지고 하겠다고 약속한 일이다. 할 일이 있는데도 놀러 가는 것은 좋지 않은 일이다. 일도 놀이와 똑같이 중요하단다."

문제를 만드는 부모 : "네가 게으름뱅이라는 것은 온 식구가 다 알고 있다."

해결을 구하는 부모 : "이번 주에 밀린 숙제를 오늘밤에 다 할 수 있도록 시간을 만들거라."

문제를 만드는 부모 : "너의 칠칠치 못한 성격은 정말 참을 수가 없구나. 부끄럽지도 않니?"

해결을 구하는 부모 : "옷을 좀 단정하게 입도록 해라. 넌 어떤 옷을 입어도 어울리는구나. 넌 스스로 매력적이라고 생각하지 않니?"

문제를 만드는 부모 : "너처럼 칠칠치 못한 애는 없을 거다. 네 방은 정말 손을 쓸 수가 없구나."

해결을 구하는 부모 : "오늘은 청소하기로 약속하자꾸나. 네 방을 내가 들여다보지 않도록 문을 닫고서 하거라."

해결책이 있는데도 불구하고 긴장이 고조되도록 자녀와 대응하기 때문에 대부분 가정에서는 싸움이 일어난다. 아이의 나쁜 점이나 마음에 들지 않는 점에 초점을 맞추면 맞출수록 그 아이는 점점 싸움을 만드는 아이가 된다.

그러므로 무엇이 자녀를 위한 일인가를 생각하고 누구에게나 합리적인 방향으로 나가도록 매일매일 대화를 나누는 것이 좋다.

아이의 분노를 설명해 줘라

언제나 자기가 옳다거나 아무 것도 아닌 말을 도전적으로 한다면 그 결과는 반드시 화를 내게 되고 싸움으로 번진다.

아이에게 자신의 의견을 갖는 것을 허락하고 아이를 상대로 화를 내거나 싸움을 하거나 말다툼을 해서는 안 된다.

분노의 폭발은 부모의 사고방식이나 대응 방법에 따라 일어난다. 아이가 이제 참을 수 없다는 신호를 나타내면 그것은 그 시점에서 아이의 선택이다. 그 신호에 대한 부모의 반응은 그 시점에서 부모의 선택이다.

화를 내면서 대응한다면 아이의 도전을 받은 셈이 된다. 그러나 그것에 유혹 받지 않은 채 지나쳐 버릴 수도 있다. 특히 효과적인 방법은 눈앞에 펼쳐진 문제를 아이에게 되돌려주는 일이다.

다음의 예가 그것에 해당된다.

"수학시간에 선생님한테 혼났다면서? 넌 지금 그것 때문에 화가 나서 동생한테 싸움을 걸고 있는 것 아니니?"

"너는 내일 시험이 걱정되어서 나한테 신경질을 내고 있는 거지?"

"아까 네 일을 하지 않아 야단맞은 걸 가지고 화가 나 있구나. 그럼 내가 네 일을 대신 해주길 바라니?"

이것이 바로 문제를 아이에게 되돌리는 방법이다. 초점이 흐려지지 않도록 '너'를 주어로 하여 이야기하면 된다. 아이가 화를 내더라도 그것에 개의치 않는다는 것을 확실히 나타내야 한다. 이것과 반대로 반응하게 되면 아이의 화내기에 말려들게 된다.

다음으로, 같은 상황에서 아이의 분노에 말려든 예를 들어 보겠다.

"선생님이 너를 혼냈다 하더라도 동생한테 신경질을 부려서는 안 된다."

"내일 시험치는 걸 가지고 왜 나한테 신경질을 부리니?"

"그렇게 뾰루퉁한 얼굴을 하는 건 딱 질색이다. 네 일도 하지 않은 주제에 투덜거리기만 하는구나."

이상은 모두 중요한 반응이다. 누군가가 화가 나서 말다툼을 걸어오면 '나'가 아니라 '너'로 시작되는 말을 사용하도록 해야 한다.

"네가 곤란해하고 있는 건 내가 네 옷을 빨지 않았기 때문이지?" 하는 말투가 "나는 세탁을 하지 않았다. 내가 해놓을 필요는 없으니까." 하고 말하는 것보다 훨씬 낫다.

'너'라는 말로 시작하면 정말로 곤란한 것이 누구인가가 확실해진다. 그와 동시에 아이들이 무엇을 꾸미고 있는지를 부모는 다 알고 있다는 것을 가르치기 바란다.

누군가가 허둥대고 있을 때는, 허둥대고 있는 것은 남이라고 생각하고 자기까지 함께 허둥댈 필요는 없는 것이다.

말을 '너'로 시작하면 일어나려던 싸움도 중단되게 된다. 상대방의 감정을 확실히 인식시켜 주면, 그 상대방의 분노나 초조함에 말려들지 않게 되고 자신의 감정을 억제할 수 있으며, 따라서 싸움의 상대가 되지 않는 이성적인 인간이 될 수 있다.

60초만 참아라

가정에서의 싸움은 앞으로 일체 하지 않겠다고 결심하고 이것을 지키도록 매일 노력하기 바란다.

부모가 싸움에 가담하지 않으려고 하면 가정에서의 싸움은 일어나지 않는다. 전쟁을 하고 있는 가정의 분위기에 가담하지 않으려고 노력하는 것이 전쟁을 없애는 가장 확실한 방법이다.

잠시 동안 분노를 억제시키도록 노력해 보기 바란다. 분노의 발작을 억누르고, 이제는 이러한 싸움에 참가하지 않는다는 것을 보여 주는 것은 자녀에게 훌륭한 교훈을 주게 된다. 부모가 분노를 참으면 그 모범을 자녀들이 배우게 된다.

화가 치밀어도 60초만 참아 보기 바란다. 그동안 자녀의 행동은 자기가 화를 내거나 분노할 정도의 것은 아니라고 자기 자신에게 말할 수 있게 된다.

60초가 지난 뒤에도 화가 치밀면 폭발시켜도 좋다. 다만 다른 사람한테 폭발시켜서는 안 된다. 그러나 시간이 흐르면 대개는 이미 폭발할 필요가 없어진다.

이것을 실행하면 무한계 인간이 되는 데 필수 불가결한 교훈을 배우게 됨과 동시에 아이에게도 같은 것을 가르치게 된다.

그 교훈이란 바로 부모에게는 자신의 감정을 컨트롤할 힘이 있다는 것이고, 누군가가 화나는 행동을 취하더라도 분노를 폭발시킬 필요가 없다는 것이다.

이것은 자기가 느낀 것을 입에 올리는 것을 두려워하는 것이 아니며, 결국에는 스트레스를 쌓이게 할 뿐인 분노의 폭발을 늦추기 위한 것이다.

이 분노를 늦추는 방법은 무슨 일에 대해서나 정말로 싸우고 싶은가, 하는 생각의 여유를 주기 때문에 평화스러운 것을 싸움이나 분노보다 높게 평가하는 방법을 자녀에게 보여 주게 된다.

때로는 한 발 양보해라

10대 아이들과는 말다툼을 하지 말고 자녀가 말하는 것을 옳다고 인정해 주어야 한다.

집안 청소에 협력해야 된다고 생각하여 부모가 설득해도 자녀는 결코 그 말을 잘 들으려 하지 않는다. 부모가 청소를 하라고 말하면 '이것 해라, 저것 해라' 하고 귀찮게 한다고 아이들은 생각하게 된다.

논쟁을 할수록 부모는 자칫 무력감을 느끼게 되고 그것이 격렬해질수록 아이의 마음은 점점 더 부모로부터 멀어져간다. 이렇게 말해 보면 어떨까?

"네 말이 맞다. 나는 구세대 사람이어서 이것에 대해서는 네 기분을 충분히 이해할 수가 없구나. 너는 청결하게 하는 것이 싫다니 말이다. 나는 이제까지 네 기분을 인정해 오지 않았지만, 네가 네 의견을 갖는 것은 옳은 일이다. 괜히 너를 자극하여 화만 나게 만들었구나. 억지 부려서 미안하다."

이렇게 말하면 부모와 말다툼을 하지 않게 된 것에 대해 자녀는 깜짝 놀랄 것이다. 그리고 나중에 이렇게 말하도록 한다.

"집안 청소에서 네가 맡은 역할은 어떤 것이라고 생각하니?"

우선 대개의 경우, 아이가 스스로 생각하는 것을 배우게 되면 부모가 생각하고 있던 것 이상으로 아이는 엄격한 행동 계획을 스스로 세우게 된다.

한번 시도해 보라. 아이는 자기가 옳은 것을 생각하고 싶어한다는 것을 금방 알 수 있게 될 것이다.

아이를 인정해 주기만 하면 그 아이는 주위 사람들을 위해서 보다 여러 가지 일을 해줄 것이며 불평을 하지 않게 되어 가정은 청결하고 즐거운 장소가 된다.

부모나 선생님에 대해 불만을 토로하는 젊은이와 대화를 할 때, 나는 대개 논의하지 않고 이렇게 말한다.

"자네 말이 맞네. 부모님은 자네를 올바로 인정해 주지 않고 있네. 부모님은 벽창호이고 참견만 하며 선생님은 자네 말대로 나쁜 사람이네."

그러면 그 젊은이는 재빨리 이렇게 말한다.

"잠깐만요. 우리 부모님은 그렇게 나쁜 분은 아니라구요. 저에 대해서 진정으로 염려해 주시는 분이에요. 다만 제가 좀 성급한 편이죠. 선생님도 그리 나쁜 사람은 아니에요. 참으로 좋은 분이에요."

어쨌든 자녀의 경우에도 옳다는 것을 인정해 주면 자녀는 이의를 제기하지 않고 자신이 세운 대안을 제시하는 경우가 많다.

아이는 부모의 말을 축적하여 인격을 형성한다

본래 아이의 분노는 나면서부터 갖고 있는 것이 아니라는 것을 잊어서는 안 된다. 다만 주위 사람들한테서 화내는 것을 배운다.

그러므로 갓난아이에게 화내거나 꾸짖어서는 안 된다. 꾸짖으면 갓난아이의 마음속 깊이 공포심이 심어져서 실패했을 때 반드시 똑같은 반응을 나타내게 된다.

갓난아이는 항상 귀여워해 줄 필요가 있다. 갓난아이는 항상 애정을 원하고 있기 때문이다.

갓난아이에게 화를 내거나 꾸짖으면 그 분노가 갓난아이의 몸속에 축적되게 된다. 폭력 속에서 자란 아이는 내향적이고 겁많은 사람이나 폭력적인 성격의 사람이 되어 버린다. 이것은 많은 연구에 의해 밝혀진 사실이다.

작고 연약한 아이의 마음에는 주위에서 일어난 가정의 싸움이 자신에게 향해진 것이라고 생각하게 되며 폭력적인 분위기로 보인다.

갓난아이는 때때로 실제로 손을 데는 일이 많이 있다. 그리고 확실한 이유도 없이 울거나 난폭하게 굴어서 부모의 마음을 비참하게 만드는 경우도 있다. 그렇다고 해서 갓난아이에게 폭력을 휘둘러서는 안 된다.

갓난아이는 자신의 인격을 형성해 가는 데 무력하다. 애정이 넘쳐흐르는 다정스런 말이 갓난아이를 무한계 인간으로 만드는 데 필수적인 요건이 된다. 부모가 부여해줄 수 있는 가장 좋은 교훈인 것이다.

화가 치밀었을 때 그 울분을 아이한테 퍼붓지 말고, 잠시 아이한테 떨어져서 그 울부짖는 소리를 듣지 않도록 해야 한다.

화내는 모습을 보이지 마라

아이를, 특히 갓난아이를 불안 속에서 키우지 않도록 해야 한다. 갓난아이를 어른과 똑같은 인간이라고 생각하면 그들에게 분노의 발작이나 꼴사나운 장면을 보이지 않게 될 것이다.

아이들이 얘기하고 있는 것을 유심히 들어보면, 아이들의 눈이 예리하다는 것을 알고 깜짝 놀라게 된다. 아이들은 어른에 뒤지지 않는 감수성을 갖고 있다.

거울을 향해 될 수 있는 한 무섭고 추한 얼굴을 해보고, 그 비

170

친 얼굴에 대고 큰소리로 호통을 쳐 보기 바란다. 친구에게 당신의 정면에 서서 될 수 있는 대로 무서운 얼굴을 하고 꾸짖어 보라고 해보는 것도 좋다. 그러면 그것이 얼마나 무서운 것인가를 깨닫게 될 것이다.

조그마한 아이들에게 있어서 이것은 불쾌하고 무서운 일이다. 더구나 아버지의 경우에는 아이의 두 배 내지 세 배나 몸집이 크다. 이러한 두려움을 이해하려면 키가 5, 6미터가 넘는 거인한테 똑같은 짓을 시켜보는 수밖에 없으리라. 이러한 무서운 장면을 연출하며 아이들에게 큰소리로 꾸짖거나 거친 행동을 하는 것을 상상해 보기 바란다.

이러한 화내는 버릇을 억제할수록 아이의 마음에 평화스런 마음을 갖게 할 수 있다. 따라서 어릴 적부터 아이들에게 모범을 보여서 이성적으로 자라도록 이끌어 주어야 한다.

텔레비전의 폭력 장면에 주의해라

심상(이미지)은 언제까지나 기억 속에 남는다는 것을 잊어서는 안 된다. 이것은 플러스 이미지나 마이너스 이미지나 모두 마찬가지다.

매일 보는 텔레비전이나 영화 속의 폭력 장면은 폭력을 오락으로 받아들이는 것을 가르친다. 우리들이 살고 있는 사회는 혼란스러워서 텔레비전에서 여성의 가슴을 구타하는 장면은 허용되어 있어도 아름답고 우아하게 애무하는 장면은 감추고 있다.

아이가 폭력 장면을 어떻게 보고 있는가에 대해서는 한마디로 말할 수 없다고 생각할지도 모른다. 그러나 텔레비전에서 폭력이 숭배되고 있으면 아이는 마음속으로 폭력을 숭배하게 된다.

살인, 상해, 몸에 파고드는 탄환, 피투성이가 되는 정경을 자주 보면 이 이미지는 아이의 마음속에 그대로 정착하게 된다. 확실히 아이들도 실제로 그런 폭력이 일어났을 때는 허구와 현실을 구별할 수 있다.

우리는 스크린 위에서 사람들이 서로 총을 쏘는 것과 실제로 사람들이 총을 쏘는 것과는 다르다고 아이들은 알고 있을 것이라고 생각하고 있다. 그러나 그 영향은 남게 마련이며 이 구별을 잘 못하는 아이들도 많다는 것을 알아야 한다.

또한 처세의 한 방법으로 폭력을 숭배하는 어른이 될 수도 있다. 미국에서는 대량 살인 영화가 방영될 적마다 실제 사회에서도 반드시 대량 살인이 되풀이되고 있다. 이것은 수많은 심상을 이성적으로 처리하지 못한 사람들에 의해 행해진다.

아이들에게는 미워하는 것이 아니라 사랑하는 것을 가르칠 필요가 있다. 폭력을 놀이 속에 끌어들이고 그것을 실제 생활에서 재현하는 것이 아니라 폭력을 절대적으로 미워하도록 가르쳐야 한다. 성적인 것보다는 오히려 폭력이 더 문제라는 것을 알았으면 한다.

아이가 무엇을 선택하느냐에 대해 관심을 가지고, 상영되고 있는 것이나 앞으로 상영될 것에 대해 의논을 해야 할 것이다.

목이 잘리는 모습을 보는 것보다는 키스 장면을 보는 것이 낫다. 폭력을 수반하는 사랑의 교환 쪽보다는 오히려 강간 쪽이 나은 것이다.

부모들이 아이에게 보일 작품을 선택하고 폭력은 절대로 싫어한다는 것을 나타내 보이면, 아이를 폭력으로 질주하지 않도록 하려는 부모들의 노력에 TV, 영화 등 여러 제작사에서도 적극적으로 호응해줄 것이다. 그들은 단지 모든 사람들이 즐겨 보는 것을 만들고 있을 뿐이기 때문이다. 많은 사람들이 보기를 포기하면 그것에 따라 그들도 그것을 만들지 않을 것이다.

이러한 심상들은 매우 강력한 동기를 아이에게 제공한다. 아이가 어리면 어릴수록 그러한 생각은 더 강력하다. 따라서 부모가 적극적으로 폭력적인 것을 보여주지 않도록 노력하면, 자녀에게 플러스가 되는 심상을 심어 주게 된다.

경찰관이나 도둑이 가지고 다니는 총을 보이는 것도 반드시 나쁜 일이라고는 할 수 없다. 아이들은 자신의 생활 속에 그들 나름대로의 꿈을 갖고 있다. 꿈과 현실을 구별하는 것을 배우기 위해서는 꿈과 대결하지 않으면 안 된다.

그러나 무엇이 옳은 일이고, 무엇이 지나친 행동인가를 구별하는 선은 점차로 모호해지게 된다.

아이가 아이 나름대로 받아들이는 심상에 주의를 기울여, "이것은 현실이 아니라 영화란다. 저 괴물은 영화 속에서만 있는 것이란다." 하고 분명하게 가르쳐 주어야 한다.

체벌로는 진정한 가정교육이 이루어지지 않는다

체벌을 너무 가하지 않도록 주의하기 바란다.

아이에게 손을 댈 때는 언제나 충분한 주의를 기울이지 않으면 안 된다. 나 개인적으로는 아이를 때리는 것을 찬성하지 않는다.

나는 나의 아이를 때려본 적이 없다. 어떤 이유가 있더라도 때리지 않지만, 예외가 한 가지 있다. 그 유일한 예외는 강조하기 위해 엉덩이를 한 대 때리는 것인데 고통을 주기 위해서가 아니라 강조하기 위해서 그렇게 한다.

나는 막내딸 아이가 잘못된 일을 했을 때, 주의를 주고 등을 두드려 주며 아버지가 진심으로 말하고 있다는 것을 알려 준다.

나는 벌을 줄 때 아이를 때려서 고통을 주는 것은 효과가 없다고 생각한다. 효과가 있다고 생각하는 사람들도 많이 있으나 나로서는 체벌이 무한계 인간으로 키우는 데는 아무런 도움도 되지 않는다고 생각한다.

아이를 마구 때리는 부모는 항상 때려 주지 않으면 안 된다고 생각하는 것 같다. 때리는 것이 정말로 효과가 있다면 도대체 왜 늘 때려 주지 않으면 안 되는 것일까?

아이를 마구 때리는 부모는 자신의 힘을 과시하고 싶기 때문이다. 아이에게 가장 좋은 방법이라고 생각되는 것은 아이를 껴안

174

아 주고, 좀더 애정을 쏟아 주고 아이가 잘못을 저지르고 있는 것을 보더라도 때려 주기보다는 옳은 일을 하는 것을 본 것처럼 대해 주는 일이다.

말참견과 손찌검은 적을수록 좋다

될 수 있는 대로 아이들에게 자신들의 생활을 스스로 컨트롤하게 하는 것이 좋다. 아이들에게 인생에서 가장 중요한 기술을 배우도록 하지 않으면 안 된다.

중요한 기술이란 의사 결정이다. 아이에게 자신들의 생활을 컨트롤하도록 하면 할수록 아이들은 무기력해지지 않게 된다는 것을 깨닫게 된다.

인간은 누구나 남에게 '무엇을 해라, 어떻게 하라' 는 말을 듣고 싶어하지 않는다.

2살 난 아이도 "저도 할 수 있어요." 하고 불평을 하고, 5살 난 아이는 "아빠, 자 보세요. 풀장에 뛰어내릴 수 있어요." 하고, 10살 난 아이는 "아빠, 플라스틱 모델을 만드는 방법쯤은 나도 알고 있다구요." 15살 된 아이는 "나를 능력이 없다고 생각하세요?" 하고 말한다.

사용하고 있는 말은 서로 달라도 아이들이 전하려는 것은, "나는 나 나름대로의 인간이 되고 싶어요. 내 나름대로의 의지도 갖고 있어요."라는 말이다.

아이에게 자기 관리를 하게 하지 않으면 무력감이 고조되어 가고, 자기들에게 무엇을 하도록 자유를 주지 않는 부모에게 점점 더 화만 내게 된다.

아이의 일을 부모가 해버리기 전에, 아이에게 자신들의 힘을 과시할 기회를 주도록 하자. 충고를 해주기 전에 일을 처리하는 방법에 대해 상의하도록 한다. 자기를 관리하는 범위를 넓혀갈수록 자기의 재능을 발견하게 된 데 대해 아이는 부모를 존경하게 된다.

반대로 아이가 하는 일을 필요 이상으로 간섭하면 서로간의 갭은 한층 더 깊어지게 된다. 아이는 화만 내는 사람으로 성장하게 되고 "화를 내면 일도 잘 되지 않는다"고 한 스타디아스의 말처럼 될 것이다.

매듭을 풀어 줘라

아이들의 무력감이 고조되지 않도록 하고, 무력감을 느꼈을 때라도 냉정하게 행동하도록 항상 세심한 주의를 기울여야 한다.

무력감은 언제나 반드시 노여움이나 가정 내의 싸움과 연결되어 있다. 자녀에게 할 수 없는 일을 하라고 요구하는 것은 아이의 무력감을 심하게 높여 주게 된다.

자녀에게 농구팀을 만들라든가, 리사이틀에서 솔로 댄스를 추라는 것은 목표로는 훌륭하게 보이지만 중요한 것은 자녀가 스스로 자기의 목표를 설정하도록 해야 한다.

목표를 자녀에게 강요할 것이 아니라 부모는 다만 도와 주는 데 그쳐야 한다. 아이는 솔로 댄스를 추고 싶지 않을지도 모르며 솔로를 추는 것이 부모에 대한 의무라고 느끼고 있을지도 모른다. 아이가 자기 스스로 자기를 위해 할 마음의 준비가 되어 있어야 한다. 물론 부모의 축하의 말이나 화려한 응원은 매우 큰 도움이 된다.

하고자 하는 마음이 자기 속에서 우러나올 때 비로소 아이는 해냈다는 기쁨과 함께 자기의 가치를 인정하게 된다. 아이들은 자기를 위해서, 자기 나름대로의 이유가 있어서 하는 것이며 반드시 부모나 다른 사람을 기쁘게 해주기 위해 하고 있는 것은 아니다.

자녀의 재능에 너무 기대를 걸고 있으면 부모에게나 자녀에게 반드시 커다란 부담만 안기게 된다.

아이는 부모를 기쁘게 해주려고 하다가 그것이 안 되면 마음이 아프고 실망하게 되며 마침내는 화를 내게 된다. 자기에게 대해 화내는 것이 아니라 언제나 자기에게 무엇을 목표로 해야 하는가를 계속 말해 주는 부모에 대해 화를 내는 것이다.

도로시 캠필드 피셔는 이렇게 말한다.

"어머니는 자녀들에게 자기를 의지하도록 하는 사람이 아니라 의지할 필요가 없도록 해주는 사람이다."

부모가 자기의 인생에서의 포부와 목표를 가지고 있듯이 그것을 꼭 자녀들에게 가질 수 있도록 해주기 바란다. 그러나 목표를 세우는 것은 아이들 자신이라는 것을 항상 명심해야 할 것이다.

부모의 간섭 없이 언제나 자신이 생각하는 대로 목표를 바꿀 수 있다고 가르쳐 주기 바란다.

부모 자신을 척도로 삼지 마라

다른 사람, 즉 타인과 비교당하는 것만큼 아이에게 무력감을 주는 일은 없다.

아이에게는 각자 나름대로의 특성이 있다. 아버지가 30년 전에 한 것은 고대 로마군의 대장이 2000년 전에 한 것이 아버지한테 관계가 없는 것처럼 아이에게도 관계가 없는 것이다.

아버지의 어린 시절은 아이들에게 있어서는 고대에 있었던 사건 정도로밖에 생각되지 않는다. 아이들은 아버지의 전쟁 얘기를 즐겨 들을지도 모르지만, 그 당시 아이였던 아버지에게 있어서 전쟁이 어떤 것이었는지를 생각해 보려고 하지 않는다.

"그래요, 아빠. 베트남 전쟁은 확실히 굉장했을 거예요. 하지만 시대는 변했어요. 나는 핵전쟁의 위협과 싸우고 있다구요."

"아이구, 또 시작이시군요! '내 나이 때는' 이라는 말을 아빠는 한 달에 두 번씩은 말씀하시는 것 같아요."

당신도 아이가 이런 말을 하거나 혹은 이런 기분을 전하는 표정을 본 적이 틀림없이 있을 것이다.

아이들이 살고 있는 현대는 당신의 시대와는 다르다. 아이들이 말하는 대로인 것이다. 아이들은 당신이 아이들 시절에 직면한 상황과 완전히 똑같은 상황에 놓여 있고, 당신이 자란 것과 똑같이 자라고 있다 하더라도 주어진 문제는 훨씬 더 잘 처리하고 있을지도 모른다.

지금의 아이들은 당신 이상으로 진보되어 있다. 그것은 당신이 당신의 부모나 조부모보다 진보되어 있는 것과 같다. 아이들은 당신이 같은 연령이었던 시절보다 몸도 크고 민첩하며 좀더 무슨 일을 처리할 수가 있는 것이다. 당신의 고등학교 시절에 깨지 못했던 운동 경기의 세계 기록도 지금은 중학생이 경신하고 있다.

지금의 아이를 부모가 자신과 꼭 비교할 필요가 있을 때는 매우 주의해서 하지 않으면 안 된다. 생활 양식은 다르다 해도 아이들은 거의 모든 면에서 당신보다 높은 수준에 도달해 있다.

아이가 현대에 태어나서 당신이 세대 차이 때문에 고민해야 한다 하더라도 그것은 아이의 죄가 아니다. 그것은 자연적 과정이며 바꿀 수는 없다. 아니 그것이 사실은 당신이 바라고 있는 것이기도 하다.

당신은 자신이 경험한 괴로웠던 생활을 아이들이 경험하지 않고 지내기를 바라고 있다. 즉 우리들보다 후대에 태어난 사람들이 보다 나은 생활을 할 수 있기를 바라고 있는 것이다.

아이를 다른 사람과, 특히 자기 자신과 비교하는 것은 그만두어야 한다. 당신은 아이들 편에서 보면 석기시대 정도의 구시대에서 생활하는 것과 같다.

게으름뱅이인 내가 적극적인 마음을 갖게 되다

아이들에게는 자신의 모든 생활을 자기가 관리할 수 있도록 가르쳐야 한다.

숙제를 하고 있을 때, 공부의 진도율이나 성적표에 대해 이야기를 나누어 보는 것이 좋다. 결코 아이의 행동을 부모의 개인적인 기준으로 평가해서는 안 된다. 점수가 나빴을 경우에도 아이에게 공부할 생각이 없었다는 등 화를 내며 충돌하거나 이와 같은 지루한 싸움의 계기를 만들지 않도록 한다.

공부할 생각을 갖느냐 갖지 않느냐 하는 것은 아이가 정할 일이라고 생각해야 한다.

자녀에게 자기가 뿌린 씨앗은 자기가 거두어들이지 않으면 안 된다는 것을 가르쳐 주자. 그러나 그러기 위해서는 아이의 행동이 어떻든 간에 부모가 화를 내거나 낙담해서는 안될 것이다. 아이와 일체가 되어야 하기 때문이다. 절대로 아이에게 화를 내서는 안 된다는 것을 강조하고 싶다.

아이에게는 그 나름대로의 행동을 허락하고 행동할 마음을 일으키도록 해주어야 하며, 비록 성적이 나쁘더라도 너무 괴로워할 필요는 없다. 아이의 행동이 아이 자신에게 어떻게 되돌아가게 되는지 상의하면 되는 것이다. 좀더 공부를 잘했다면 부모한테 기쁨을 주었을 텐데 하는 것은 그 다음 일인 것이다.

자녀 스스로 좋은 학생이 되고 싶지 않다고 했을 때, 부모로서 선택할 수 있는 것은 다음 두 가지뿐이다.

① 화를 내며 부모와 옥신각신한다.

② 아이가 스스로 공부할 마음이 없다는 현실을 그대로 받아들이고 이러쿵저러쿵 말하지 않는다. 결과는 스스로 받아들여야 함을 가르치고, 정확한 태도를 취하게 하여 기분이 우울해지지 않도록 한다.

그 밖에 다른 방법은 없다. 아이들이 진정으로 하기 싫다는 것을 억지로 하게 할 수는 없다. 다만 시기가 오면 아이도 달라지게 될 것이다.

10대였을 때 나는 그다지 좋은 학생은 아니었다. 공부를 게을리하거나 수업 시간에 빠지곤 하여 간신히 고등학교를 졸업할 정도였다.

그 즈음에 나는 가계를 돕기 위해 식료품점에서 일했다. 그때 적당히 노력하면 되었겠지만 나는 좋은 학생이 될 생각이 별로 없었다.

어머니는 나와 다른 형제들에게 학교에 관한 얘기를 이러쿵저러쿵 말씀하시지 않았다. 어머니에게는 쪼들리는 생활이 더 중요한 문제였기 때문에 우리가 공부하기 싫어하는 태도에 대해 걱정하느라 귀중한 시간을 낭비할 수 없었다. 하지만 어머니는 자주 이렇게 말씀하셨다.

"이건 네가 택한 길이니까, 그 대가는 네가 지불해야 한다. 나나 다른 어느 누구의 책임도 아니란다."

그 후에 군대에서 4년간의 하사관 생활을 마치고 나서 나는 적극적인 생각이 들어 대학에서 8년간 우등생으로 공부하고 박사 학위까지 받게 되었다.

말하자면 공부하고 싶은 마음이 생겼을 때 열심히 했던 것이다. 만약 그때 노여움이나 가정에서의 불화가 있었다면 가족과의 인연을 끊었을 뿐만 아니라 학문에 전념할 마음이 생겼어도 그 마음을 돌이켰을 것이다.

아이가 공부할 마음을 일으키지 않을 때는 조용히 지켜봐 주며 야단치지 말고 도와주는 애정 깊은 사람이 되어야 한다. 또한 그런 사람을 곁에 붙여 주어도 좋다. 이윽고 아이가 마음 깊은 곳에서 공부할 마음을 일으키면 아무도 말릴 수가 없게 된다.

사실 그 당시에 어머니나 누군가가 나에게 상처가 되는 말을 했다면 나의 태도는 달라지지 않았을 것이다. 그러나 군대에 들어가서 전 세계를 돌아다니는 동안에 교육을 받는 것이 무지한 것보다 훨씬 좋은 일이라는 것을 마음속 깊이 깨닫게 되었던 것이다.

생활 가운데서 받는 교훈은 무엇보다도 더욱 좋은 자극이 된다. 사람에 따라서는 자기가 구하고 있는 것이 무엇인가를 아직 잘 모르는 동안에 구하지도 않은 것을 경험하라고 강요당하는 일이 있다. 그런 경우, 부모가 아무리 화를 내 봐도 현실은 달라지지 않는다.

실행 가능한 것으로 벌을 줘라

자녀에게 벌을 주기로 분명하게 말했을 때는 가능한 한 지켜나가야 한다.

무엇을 한다고 한 이상, 나중에 뒷걸음질치거나 본심으로 말한 것이 아니라고 해서는 안 된다. 지킬 수도 없는 어리석은 위협이 아니라 현실적인 벌을 주어야 한다. 문제를 해결하기 위해 확실하게 도움이 되는, 그리고 이치에 맞는 벌이라는 것을 아이에게 납득시켜야 한다.

여동생을 때렸다고 해서 3시간 동안 자기 방에 가두어 둔다고 해도 아이는 아무 것도 배우지 못한다. 그러나 조금이라도 그 벌을 결정하는 데 참가시키면 그 다음부터는 여동생을 때리지 않을 것이다.

"여동생을 때리는 것은 나쁜 일이라고 몇 번씩이나 말했잖느냐? 그것을 네가 깨달을 수 있게 하려면 엄마는 무엇을 해야 한다고 생각하니? 엄마가 너를 때려줄 수도 있다. 하지만 때리는 것이 잘못됐다는 것은 내가 늘 말하는 것이지. 때리는 것은 가치가 없는 일이거든. 잠시 네 방에 가서 생각해 보렴. 그런 다음 네가 화났을 때 여동생을 때리지 않고 네 마음을 전할 수 있는 좀더 좋은 방법이 없나 상의해 보자. 네 기분이 좀 차분해진 다음에 얘기하도록 하자. 그때까지 네 방에 돌아가 여동생과 얼굴을 마주치지 않도록 해라. 얘기할 수 있는 상태가 되면 이번 주 안에는 자전거를 타서는 안 된다든가, 친구들을 데려오지 않는 벌을 정하자. 때리는 일을 너그럽게 봐줄 수는 없으니까 말야."

이것은 10살 난 아이에게 냉각기간을 두고 자기가 받을 벌을 생각할 시간을 주는 권고 방법으로 단지 "방에서 18살이 될 때까지 나오지 말아라!" 하고 이치에 맞지도 않는 어이없는 말로 벌을 주는 것보다 훨씬 효과가 있다.

아이들끼리 말다툼을 하면 귀를 막아라

부모는 아이들의 일상적인 말다툼의 심판원이 되지 않도록 해야 한다.

때에 따라서는 화장실에라도 들어가서 부질없는 말다툼이 가라앉을 때까지 신문이라도 읽는 것이 좋다. 이것을 2주일 동안이라도 계속하게 되면 가정에서의 사소한 불화로 중재하는 괴로움을 당하지 않아도 된다.

아이들이 사소한 말다툼을 부모한테 해결해 달라고 요청하는 것은 대개 부모의 주의를 끌려는 것에 불과하다.

자기의 생활이 중요하다면 하루 종일 말다툼의 중재 같은 것이나 하고 있을 시간이 없다는 것을 가르쳐 주어야 한다. 이것은 행동으로 보여줄 수밖에 없다.

그렇기는 해도 효과적인 행동은 아이들끼리 처리하게 하는 것이 좋다. 대부분의 말다툼은 부모를 목표로 하여 연출되는 것이며 그 함정에 빠져들면 부모는 고귀한 희생자가 된다.

부모는 결론 내리는 것을 분명히 거절하고 다만, "난 관심이 없다. 너희들끼리 처리해라." 하고 말하고 그곳을 물러나면 된다. 그렇게 하는 것만으로도 싸움은 수습될지도 모른다.

싸움을 해도 아무도 봐주지 않고 그것에 아무도 개입하지 않게 되면 상처 입은 것은 자기들뿐이므로 싸움을 더 하려고 하지 않을 것이며 1, 2분 사이에 말다툼은 수습될 것이다.

언젠가 여행 중에 9살 난 나의 딸 트레이시가 친구인 로빈과 호텔 방에서 큰소리로 싸움을 하고 있었다. 싸움의 원인은 누가 침대의 어느 쪽에서 자느냐였다.

트레이시는, "난 아빠 곁에서 잘 거야. 이건 나의 권리란 말야." 하고 말했다. 과연 일리가 있는 말이라고 나는 생각했다. 그러자 로빈이 되받았다.

"그래, 하지만 내가 먼저 아빠 곁에 왔으니까 움직이고 싶지 않아."

이 말 또한 이치에 맞았다. 서로 심하게 언쟁을 하고 있어서 나는 욕실에 들어가 신문을 읽기로 하고 문제가 해결될 때까지 나오지 않겠다고 선언했다.

문 저편에서 둘이 주고받는 소리가 들려 왔다. 내가 중재에 나서려고 하지 않는다는 것, 정말 조금도 관심을 갖고 있지 않다는 것을 알게 되자 트레이시가, "종이에 숫자를 써서 큰 숫자가 적혀 있는 종이를 뽑은 사람이 어디에서 잘 것인지 결정하도록 하자."고 제안했다.

욕실에 앉아 있으면서 나는 둘이 합의한 것과 그 해결 방법이 간단한 데 놀랐다.

만약 내가 개입했더라면 "불공평한 처사야.", "내가 정할 거야.", "내가 먼저 왔어." 하고 대소동을 벌였을 것이다.

아이들은 자기들 문제에 관해서는 대개 해결 방법을 알고 있다. 그들의 싸움은 보통 부모가 잘 판가름해 주기를 바라므로 그것을 부모가 거부해 버리면 싸움은 대개 거짓말처럼 일찍 끝나 버린다.

이러한 힌트가 언제나 성공한다고는 말하지 않겠다. 때로는 온갖 방법을 다 써보아도 전혀 효과를 나타내지 않는 일도 있다. 그러나 부모가 해야 하는 것은 마음가짐을 아이들에게 올바로 심어 주는 것임을 잊어서는 안 된다.

매일 조언을 해주어 항상 마음의 고민을 누그러뜨려 주고 가능한 한 본보기가 될 수 있는 생활 방식을 제시해 주어야 한다. 모두가 자기 단련을 할 수 있도록 평화로운 환경에서 지내도록 힘쓰는 것이 결국 영속적인 효과가 있는 참된 가정교육 방법이 된다.

윌리엄 브레이크가 말한 노여움과 그것을 해결하는 방법을 나는 높이 평가하고 있다.

　친구에게 노여움을 느꼈다
　격렬한 노여움을 털어놓았다.
　그러자 격한 노여움이 사라졌다

　적에게 노여움을 느꼈다
　노여움을 털어놓지 않았다
　격한 노여움은 아직도 활활 타올랐다

　오늘날의 세계에서는 평화를 위해 1달러를 소비하고 전쟁을 위해서는 2천 달러를 소비하고 있다고 한다. 세계를 바꾸는 데는 이 지출의 비율을 반대로 만들지 않으면 안 된다.
　이것을 반대로 만들기 위해서는 싸움이나 노여움에 쏟는 2천 배의 머리와 기술을 평화로운 환경 조성에 투입하면 된다. 많은 사람이 그것을 실행하면 이 노여움에 찬 세계는 평화와 사랑을 모두에게 가져다주는 세계가 되고, 우리들의 격한 노여움은 사라질 것임에 틀림없다.

제 4 장

커다란 꿈을 실현할 수 있는
아이로 키워라

| 자기실현의 길을 걷게 하는 방법 |

'무한계 인간'의 생활의 대부분은 모든 분야에서 목적의식을 분명히 나타낸다. 자질구레한 일에 좌우되지 않고 언제나 전체를 바라보는 세계관을 가지고 있기 때문에, 모든 일에서 의미를 발견한다. 인간으로서의 숭고한 욕구나 가치관이 행동의 주된 동기가 되며 항상 최고의 진실, 미, 정의, 평화를 추구한다. • • 앞으로의 성장 목표를 정하고, 넓은 시야에서 가치관을 가지며 인류의 이익에 이바지하면서 좁은 범위의 일에도 긍지를 갖는다. • • 또 세계는 멋진 곳이며 아름다운 것들은 끝이 없다고 생각한다. 또한 그는 인간의 행위 속에는 아름답지 못한 것도 있으나 모든 인간은 본질적으로 아름다운 존재라는 생각을 갖고 있다. 또 생명이 있는 것은 모두 신성하고 모든 인간은 동등한 가치를 지니면서 살아가고 있다고 생각한다. • • 인류가 원한다면 전쟁, 폭력, 기아, 전염병은 없어진다고 믿으며 모든 인간의 생활을 개선하고 부정을 없애기 위해 자신의 생애를 바치고 싶어한다.

1
자녀가 열중할 수 있는 것을 찾아 줘라

부모의 첫번째 목표는 자녀가 목적을 가진 생활을 보내고 마음 속에서 강한 만족감을 가질 수 있도록 도와주는 일을 중심으로 삼아야 한다.

인생의 의미를 명확히 파악하고 있지 않으면 인간은 어쩔 줄 몰라하고 목적을 잃어버리며 자신이 왜 살고 있는지 확신을 가질 수가 없게 된다.

자녀의 마음속에 목적의식과 높은 가치관을 키워 주기 위해서 부모는 실제로 여러 가지를 시도할 수 있다고 생각한다.

확고한 목적의식을 가지려면 개인적인 욕구를 초월하고 타인에 대한 봉사가 필요하다는 것을 이해하느냐 못하느냐가 포인트가 된다. 자기를 초월하고 자신의 신체상의 욕구에만 주의를 기울이는 것을 중지하고 자신에게 이익이 되느냐 아니냐에만 관심을 갖지 않도록 수련하며 타인에게 도움을 주려면 무엇을 하면 되는가를 배우지 않으면 안 된다.

그렇게 하면 아이는 서서히 자신의 일만 생각하는 것을 중지하고 자신의 행위가 남에게 어떤 영향을 미치는가를 배려하게 되며 또 자신의 행동에 주목하고 어떻게 하면 그 행동이 남에게 도움이 되는가를 생각하게 된다.

자신이 남에게 도움이 되었을 때가 인생에서 가장 만족감을 맛볼 수 있다는 것은 자신을 부정하는 것도 아니며 자신을 경시하고 남이 중요하다고 생각하는 것도 아니다.

또 자신의 일에 글자 그대로 열중하고 몰두해 있는 사람은 그 결과를 생각하고 고민할 시간조차 없다. 남의 반응에만 신경을 쓰는 것도 아니고 주위 사람의 인정을 기대하고 행동하는 것도 아니다. 행복감에 젖고 무엇에 열중한 뒤에 오는 뿌듯함을 맛보기 위해 자신에게 있어서 중요하다고 생각하는 것을 실행하며 표면적인 보수나 남의 의견에 집착이나 관심을 갖지 않는다.

또한 자신의 마음속의 빛에 이끌려 생활하고 가슴을 열고 행동하며 자신의 행위가 적어도 단 한 사람에게라도 편안함을 제공했다면 그것으로 족하다고 생각한다.

이상과 같은 경지에 도달하면 '목적의식'을 갖게 된다. 이 경지에 도달하기 위해서는 부모도 자녀도 강한 목적의식에 도달하는 계단을 올라가지 않으면 안 된다.

또 아이들이 남에게 사랑이나 존경을 염두에 두고 그것을 기대하는 사람으로 키워서는 안 된다. 목적의식을 갖게 되면 처음에는 자신의 이익을 추구하는 이기주의적 경향으로 자라는 아이라도 어느새 자기 자신과 편안한 마음으로 마주보게 되고 천직을 완수할 수 있게까지 된다.

친구가 선물을 받았을 때, 마치 자신이 받은 것처럼 기뻐하는 경지까지 도달하지 않으면 안 된다. 이 경지에서는 남이 훌륭한 것을 받으면 자신도 기뻐지며 자기가 받았느냐 못 받았느냐에는 관심이 없어지게 된다.

목적의식은 생후 얼마 안 되는 유아에게도 싹틀 수가 있다. 또 현재 몇 살이든지 목적의식을 가질 수가 있다. 목적의식을 키우려면 자신의 껍질을 깨고 나와야 한다는 것을 염두에 두고, 자기 자신이나 자신의 일(아이의 일은 장난이지만)에 완전히 열중할 수 있는 인간으로 자라도록 부모가 손을 내밀어 주어야 한다.

그렇게 되면 자신이 왜 태어났는가를 이해하며 자신이 선택한 것에 열중해서 매달릴 수 있는 훌륭한 경지에 도달할 수 있도록 이끌어갈 수도 있다. 그곳에서는 인간이 경험할 수 있는 최고의 기쁨을 맛볼 수 있는데, 아이는 평생을 통해 그곳에 머물러 있을 권리를 가지고 있다.

자녀의 양육은 자녀에게 목적의식을 경험하게 하여 몸에 익히게 할 뿐만 아니라, 부모 측에서도 그것이 인생의 목적의 일부라는 것을 이해하게 되면 부모 자신도 이 세상에 존재하는 이유를 납득할 수 있어서 기분 좋은 만족감에 젖을 수 있다. 자녀의 목적의식을 키워 나가면서 부모의 목적도 달성할 수 있는 것이다.

그것이 자신의 자녀까지도 포함해서 남에게 봉사해 간다는 인식이 목적의식을 갖기 위한 커다란 열쇠가 된다. 그리고 뒤에 오는 사람들을 위해 세상을 변화시키게 된다.

내 아이는 어느 단계에 와 있는가?

유명한 심리학자인 머즐로는 낙관적인 인간론을 최초로 쓴 학자이다. 그는 인간의 나약함을 기반으로 발달해 온 이론과는 달리, 인간의 훌륭한 잠재능력에 주목하고 자녀 양육의 견해에 대해서 뛰어난 패러다임을 제공하고 있다.

머즐로는 이 패러다임을 '인간 욕구의 단계' 라고 부른다. 각자는 그 가장 밑바닥의 기본적인 욕구로부터 출발하여 그가 말하고 있는 '자기 실현' 이라는 정상까지 올라간다고 가정하고 있다.

여기에 도달하려면 욕구의 단계를 우선 올라가지 않으면 안 된다. 이 단계를 높이 올라갈수록 목적을 지닌 행복한 경지에서 충분히 일할 수 있게 된다고 말한다.

머즐로는 자신이 늘 연구하던 '인간의 행동' 에 대한 과제와 결별하고 인간의 무한한 가능성에 적극적으로 도전했다. 그는 '존재의 심리학' 이라 명명한 이론을 내세우면서 위대한 업적을 남긴 사람들을 연구했다. 그리고 인간이 행동을 일으키는 원인은 자신의 결점을 교정하려는 감정이 아니라 성장하려는 감정에서라는 사실이 머즐로 이론의 기초가 되었다.

바꿔 말하면 인간은 어떤 순간에라도 성장을 하려는 기능을 작용시키고 있다. 그것이 행동의 동기가 되는 것이다. 분명히 현재는 완벽하지만 성장할 가능성도 있다. 그리고 목표에 도달하기 위해 자신의 결점을 인정할 필요는 없다.

이 이론은 그때까지의 학설에 대한 강력한 결별이었다. 그러나 자신의 능력을 최대한으로 발휘했던 사람들의 예를 수백 가지나 연구한 결과, 그는 다음과 같은 생각에 바탕을 둔 이론을 발전시켰다.

"수준 높은 생활을 하면서도 충분히 힘을 발휘하고 있는 사람들을 연구하여 배울 수 있는 점을 이끌어낼 수 있는 한 이끌어 내자. 그들은 어떻게 생각하고, 무엇을 하고, 어떤 성질을 가지고 있는지를 관찰하자. 인간은 목적이 주어진다면 최고의 경지에 도달할 수 있다."

즉 자신의 결점을 극복하는 것에서 배우는 것이 아니라, 가장 훌륭한 사람으로부터 자극을 받아야만 한다는 것이다.

머즐로의 욕구 단계 이론은 이처럼 진전해 왔는데, 이 단계의 어느 곳으로 자녀를 이끌어 갈 수 있는가를 뚜렷이 알 수 있기 때문에 부모에게 있어서 가장 관계가 깊은 이론이라 할 수 있다. 자녀가 장기간 맨 밑의 단계에 머물러 있는지, 아니면 좀더 높이 올라가도록 부모가 격려하고 있는지를 알 수 있는 것이다.

'목적의식'이라는 말을 앞에서 썼는데, 정의하기 힘든 장소는 가장 윗 단계이다. 이 단계의 최고의 장소에서만 아이는 매우 중요한 가치관을 몸에 익히고 의기소침해하거나 불안에 사로잡히는 일이 없어진다. 반대로 지면에 가장 가까워서 안전하다고 생각하고 있는 아이는 최하단에 정착해 있기 때문에 그것이 원인이 되어 노이로제에 걸릴 가능성이 있다.

머즐로는 노력의 심리학에 반대하여 도달의 심리학을 주장하고 있는데, 도달할 때까지는 수많은 단계를 통과하지 않으면 안 된다.

부모는 자녀가 가장 위의 매력적인 장소까지 올라가 그곳에 머무르는 것을 정확하게 도와주고 있는지, 아닌지를 잘 생각해 봐야 할 것이다.

차례로 단계를 올라가지 않으면 안 되는 것은 야구의 3루타와 마찬가지다. 1루나 2루의 베이스를 밟지 않고 곧장 그곳까지 갈 수는 없기 때문이다.

2
애정 결핍 징후가 나타나지는 않는가?

아이가 살아나가는 데 있어서 필요한 것은 매일 어떤 때라도 채워져 있지 않으면 안 되는 신체상의 기본적 욕구가 애정이다. 그러나 욕구의 단계를 올라감에 따라서 그 밖의 요구물도 못지 않게 중요해진다.

애정과 친근감의 결여가 어떤 의미를 갖는가는 분명하지 않으며, 그것이 명확해지는 데도 얼마간의 시간이 걸린다.

그러나 충분한 애정과 친밀감을 맛보지 못하면 아이의 심성을 버리게 된다.

친근감을 맛보기 위해 모든 사람에게 있어서 애정은 필수 불가결한 것이다. 연구 결과에 의하면, 벽장 속에 갇혀 있는 것과 같은 애정을 거부당한 아이는 이런 유의 괴로운 경험으로부터 재기 불능하며, 이러한 애정의 극단적인 부정이 오랫동안 계속되면 그들은 쇠약해져 버린다.

애정은 인간의 기본적 권리이다. 이 세상에 자녀를 내보낸 부모라면 인간이 만든 법률보다도 훨씬 고매한 도덕률을 몸에 익히지 않으면 안 되며, 마찬가지로 자녀가 애정을 충분히 받고 있는가 아닌가를 확인할 의무가 있다.

부모는 자녀를 사랑하고 필요로 하여 높이 평가하고 있으며, 또 마음속으로 자녀 각자의 이익을 도모하고 있다는 것을 자녀가 느끼게 하지 않으면 안 된다. 유능한 인간이 되도록 키워 주고 있다는 것을 충분히 느끼게 해야 한다.

좌절하는 사람은 반드시 부모의 애정이 부족하다

어린 시절이 지나도 스킨십은 필요하다. 다만 아이의 성장에 따라 그 형태가 변해가는 것뿐이다. 아이는 언제까지나 사랑 받고 있다는 것을 확인하고 싶어한다. 그래서 평생 순수한 애정을 듬뿍 받는 것이 중요하다.

스킨십도 좋고 말을 거는 것도 좋지만, 매일매일 하는 부모의 행동의 결과는 아이에게 여실히 나타난다.

"너를 좋아한단다.", "착한 아이로구나." 등등 애정을 긍정적으로 표현하는 말은 자녀가 태어나서부터 부모가 이 세상을 하직할 때까지 계속해 주는 것이 좋다.

아이는 이런 말을 들으면 마음이 편안해지고 사랑이 깊어진다.

끌어안거나 만지거나 부드럽게 이야기를 걸거나 하면, 아이는 잠들어 있어도 부모의 사랑을 느낀다. 그리고 이렇게 격려를 받은 아이는 자신을 소중히 생각하게 된다.

부모가 자녀에게 애정을 쏟을수록 그만큼 아이는 애정에 감싸인다. 마음속에 애정으로 넘치면 남에게 애정을 쏟을 수가 있다. 거꾸로 말하면, 가지고 있지 못한 것은 줄 수가 없다는 것이다.

오늘날 인간이 직면하고 있는 중요한 문제의 원인을 추적해 보면, 그 해결법은 모두 너무나 간단명료해서 아연해질 정도다. 우리 인간이 직면하고 있는 사회 문제 전부를 해결하려면 태아 때부터 계속 사랑을 아낌없이 해주면 된다.

확실히 애정은 모든 것을 해결해 준다. 감상적인 이상주의자의 케케묵은 문구를 사용하고 있는 것이 아니다. 진정한 의미에서의 해답인 것이다.

문제를 일으켜서 결국은 교도소에 수감되거나 마침내는 사형수까지 되어 버리는 사람들의 경력을 조사해 보면, 반드시 애정 부족에 맞닥뜨리게 된다.

거리를 헤매는 불량배는 자동차를 훔치는 일부터 시작하여 마지막에는 마약 중독자가 되고, 필요한 것을 손에 넣기 위해 폭력을 사용하게 된다. 그들도 어릴 때는 귀여운 아이였고 유용한 인물도 될 수 있는 가능성을 가지고 있었다. 그러나 그렇게 길을 잘못 들어선 것은 애정 결핍이 그 원인이다.

독방에 감금되어 있는 죄수는 자신의 곤경을 남의 탓으로 돌릴 수는 없다. 자신의 생활에 책임을 지는 것은 인간에게 있어 활력의 근원이다.

충분하나 도에 지나치지 않는 애정과 자신의 중요성을 믿는 마음, 남에게 애정을 느끼는 것 등이 몸에 익어 있으면 교도소는 전혀 존재할 필요가 없어지게 될 것이다.

누이동생의 뺨을 때리거나 어머니에게 욕을 하거나 물건을 훔치기 시작하면, 즉시 그것이 반사회적 행위라는 것을 알려 주어야 한다. 그때는 아이에게 이렇게 말해 주면 된다.

"너를 너무나 사랑하기 때문에 그런 짓을 하면 안 된다는 것을 말해 주는 것이란다."

적의를 품은 행동은 마음속에 애정이 부족한 데 그 원인이 있다. 젊은 사람들의 마음속에 애정만을 키우도록 어른들은 힘을 빌려 주지 않으면 안 된다.

자녀가 좋아하는 '애정'을 듬뿍 주기 바란다. 세계에서 가장 중대한 문제는 전쟁도 아니며 범죄, 빈곤, 기아, 부정도 아니다. 인간이 문제인 것이다.

애정에 둘러싸여 자라난 사람은 범죄를 저지르려고 하지 않을 것이다. 일을 해서 세계를 보다 살기 좋은 곳으로 바꾸려고 할 것이다. 애정이 넘치는 환경에서 자라난 사람은 굶주린 사람들이나 빈곤으로부터 얼굴을 돌리려고 하지 않을 것이다. 곤경에 처한 사람들을 구해내려고 열심히 노력할 것이다.

상대에게 부정을 저지르는 것도 인간이다. 그리고 또 서로 총을 쏘거나 사람을 죽이기 위한 핵무기를 만드는 것도 인간이다.

현대인들이 모두 애정이라는 식사를 하는 모습을 상상해 보자. 이윽고 전 세계의 사람들이 협력해서 일하는 모습이 눈에 떠오를 것이다. 모든 것은 자신으로부터 시작된다. 그리고 자기의 자녀가 현재 몇 살이든 복수심이나 분노, 증오, 탐욕을 키워 가는 것이 아니라 애정을 듬뿍 주겠다는 것을 부모는 결심해야 한다.

어떤 방법을 취하든 부정적인 면이나 부모의 개인적인 희망은 잠시 잊어버리고 세계적 규모의 사랑으로 크게 한 걸음 내딛기 바란다.

사랑은 확고하게 반대쪽에 서 있는 것에 대해서는 용서하지 않는다. 사랑한다는 것은 정직하고 청렴하다는 것으로, 자신의 발전이나 이익을 위해 남을 이용하지 않는 것이다. 자신의 자녀, 더 나아가서는 전 인류에게 있어서 무엇이 좋은가를 생각하는 것이기도 하다. 자신에서부터 시작하면 세계를 바꿀 수도 있다는 것은 진실일 것이다.

최고 수준의 생활 태도를 지향하는 계단을 한 계단씩 올라가야 한다. 사랑을 주거나 받는 것은 충분한 산소가 필요한 것과 마찬가지로, 전 세계의 아이들에게 있어서 기본적인 문제이다. 상대방, 특히 자신의 자녀에게 애정을 쏟는 연습을 매일 반복해 보자.

'이 아이에게는 조금도 좋은 점이 없다' 거나 '평범하고 단순한 고집통이다' 라고 생각하지 말고 다른 관점에서 자녀를 살펴보도록 하자.

자녀에 대해 이런 마음을 갖는 것은 부모 쪽의 문제이며 아이에게는 문제가 없다. 부모의 마음속에 숨어 있는 판단이나 감정을 반영하는 것이다.

설사 진실을 꿰뚫고 있고 근거가 있다고 생각되더라도 그것은 자신의 마음속의 문제이다. 그 마음이 부모로서의 출발점이 된다. 듣기 언짢은 발언을 하거나 증오심이 섞인 생각을 마음에 품는 것은 마음속에 그 바탕이 되는 감정이 있기 때문이다.

견실한 태도를 사려 깊게 항상 애정을 가지고 대하면 자녀들도 마음속에 사랑을 가지고 성장해 나갈 것이다.

간디의 말을 상기해 보자. 이 말로 성인으로서의 그의 이름이 가장 높아졌다.

"눈에는 눈으로 갚겠다고 말한다면, 얼마 안 가서 이 세상 사람들의 눈은 모두 보이지 않게 될 것이다."

자녀에게 애정을 쏟는 문제를 주의 깊게 생각해 보자. 첫번째로 자신, 다음으로 가족과 사회, 궁극적으로는 세계나 우주에 대해서 친근감을 갖는다면 애정을 가지고 있다고 말할 수 있다.

인간과 충돌하고 사랑이 아니라 분노와 증오심을 느끼는 사람은 아무 곳에도 귀속의식이 없고, 자신도 경멸하게 되고 타인에게 주먹을 휘두르게 된다. 그러나 증오심이 애정으로 변하면 사랑도 샘솟고 밉살스럽게 때릴 필요도 없어지며 더 이상 때리지 않게 된다.

이 얘기가 과장된, 의미가 없는 것이라고 생각한다면 굳게 마음의 문을 닫은 범죄자나 정신장애자, 정신이상자처럼 가망이 없는 환자를 위해 일하고 있는 사람과 얘기해 보면 된다.

사랑이 미움을 대신하게 되고, 사랑과 존경이 사람들을 대하는 태도로 사용되고, 충분히 자기가 가진 것을 나눠줄 수 있게 되면 가망이 없던 사람도 회복하게 된다.

애정은 아이에게 있어서 기본적 권리라고 생각해야 한다. 아이와 접할 때는 항상 애정으로 대해야 한다. 애정이 우리들 자신, 더 나아가서는 전 세계의 사람들을 치료하는 방법이다.

사람에게 나누어준 것은 1천 배가 되어 되돌아온다. 분노나 증오심을 남에게 돌리면 같은 양만큼 되돌아온다. 이것은 부모나 자녀에게 모두 해당되는 말이다. 아이나 그 밖의 사람들을 대할 때마다 될 수 있는 대로 애정을 듬뿍 쏟아준다면 자신의 자녀와 수백만 명의 아이들의 생활을 크게 바꿔놓을 수 있다.

아이의 자존심을 키우는 최고의 영양소는 사랑이다

무한계 인간을 지향하는 다음 단계는 자존심이다.

아이가 부모의 사랑으로 가득 채워지면 자기에게는 사랑 받을 가치가 있다고 생각하여 부모의 사랑을 자기애로 바꾼다. 자기애를 느끼기 위해서 우선 타인으로부터 넘쳐흐를 정도의 애정을 받지 않으면 안 된다는 것은 인생의 아이러니일 것이다.

사랑으로 가득 채워지면 그것이 자기애가 되어 줄어들지 않고 남에게 사랑을 쏟아줄 수 있다. 남을 사랑하려면 먼저 자신을 사랑해야 하며, 그러기 위해서는 사랑을 받지 않으면 안 된다.

부모가 자녀에게 애정을 대량으로 쏟아 붓고 자녀에게 자신이 필요로 하는 존재로 여겨지고 있다는 마음과 친근감을 갖게 하면 본인의 중요성을 인식하게 된다. 적극적인 생각을 갖게 되고 자기가 훌륭한 인간이라는 생각을 하게 되며 접촉하는 모든 사람에 대해서도 이러한 적극적인 의미를 발견하게 되고 훌륭함을 느끼게 된다. 반대로 자기를 경멸하고 있는 마음은 경멸의 감정으로 가득 차 있고, 남에 대해서도 같은 감정을 품게 된다.

자기애로 넘쳐흐르고 있을 때라야 남에게 나누어줄 애정으로 꽉 차 있게 된다. 자존심에 뒷받침된 확고한 자기상을 만들어내는 것은 각자에게 절대로 필요하다. 필요한 이 자기상을 갖지 못하면, 자신에게도 남에게도 파괴적인 태도로 대하게 되며 결국 혼자서도, 집단 속에서도 원만하게 살아갈 수 없게 된다.

조금만 발돋움하면 자신의 목적이 보인다

다음 단계는 성장하며 기능적인 인간이 되는 욕구이다. 자신의 결점을 고치려는 마음이 아니라, 뻗어 나가고 싶다는 마음이 행동의 바탕으로 되어 있는 경우에 목적의식을 키울 수가 있다.

에이브러햄 머즐로는 이 현상을 다음과 같이 설명하고 있다.

"위협이나 공격으로부터 몸을 지키는 것과 적극적인 승리의 업적 사이, 그리고 몸을 지키고 방어하는 자세와 어떤 것을 획득하려고 노력하는 사이에는 객관적으로 보면 커다란 차이가 있다."

자신의 어떤 결정을 고쳐 보려는 동기에서 출발하는 아이는 항상 기본적인 약점을 극복할 필요성에 의해서 움직인다. 우선 소극적으로 자신은 가치 없는 인간이라고 생각하며 어떻게 해서든 가치 있는 인간이 되고 싶다는 마음을 갖게 된다.

그런데 성장에 대한 욕구가 충족되어 있는 아이는 처음부터 자기는 가치 있는 중요한 인간이라고 생각하며, 또한 자기가 꼭 필요한 존재라고 여기며 성장하고 싶다는 마음을 가지고 새로운 영역을 알려고 한다.

아이가 강한 목적의식을 가지려면 이런 유의 '변화'를 필요로 하는 마음이 중요하다. 중요한 순서대로 열거하고 있는 것은 아니지만 그 속에는 자유, 정의, 질서, 개성, 의의, 자기 만족, 단순함, 노는 마음, 생기와 삶에 대한 욕구가 있다. 아이가 성장해감에 따라 개개인에게는 특유의 욕구가 나타난다.

자기 지배로 향하는 계단을 올라감에 따라 아이는 자유롭게 자신이 하고 싶은 것을 선택할 수 있는 기회를 갖게 되고, 타인의 사고방식에 부당하게 고통받는 일도 없다는 것을 깨달을 기회도 얻을 수 있다. 생활해 가는 데 있어서 어느 정도의 질서는 지키지 않으면 안 되고, 장래의 자신의 모습의 견본인 부모를 사랑하지 않으면 안 된다고 생각한다.

그러므로 아이를 남에게 비교하는 일은 피해야 하며 자신을 소중히 하는 방법을 익히게 하고, 자신이 이룩한 성과나 독창성이 항상 올바로 칭찬 받는 일에 익숙하도록 만들어 주어야 한다.

자신의 세계를 마음껏 뛰어다니게 해라

지금까지 이야기해온 성장에 대한 욕구가 충족되어져도 아이에게서는 그것을 초월한 또 다른 욕구가 나온다. 갖가지 계단을 올라가 어느 정도 욕구가 충족되면 마침내는 강한 목적의식을 가지고 생활의 의의를 발견하는 곳까지 도달하게 된다.

많은 부모는 성장에 대한 욕구의 단계에서 욕구는 이미 끝난 것이라 생각하고, 보다 고차원적인 욕구는 이미 욕구가 아니라 단순한 신념이나 신앙이라고 판단해 버린다. 그러나 머즐로를 비롯한 많은 학자의 연구에 의하면, 만일 아이가 맨 위의 단계에 도달해서 목적이 있는 생활을 하게 되면 고차원의 욕구도 욕구로서 보이지 않는 형태를 지니게 된다고 한다.

다만 단순히 생활에 대처하고 환경에 순응해 나가는 아이를 문제삼고 있는 것은 아니다. 자기 생각대로 자신의 세계를 처리해 나가는 인간이 될 수 있는 아이다. 위대한 예술가가 걸작을 만들 때 생명으로부터 넘쳐 나오는 것을 정확하게 창조하기 위해 캔버스에 그늘을 만들거나 모양을 그리거나 하는데, 이와 같이 자신의 인생을 원하는 대로 만들 수 있는 인간을 지향하고 있다.

아이의 마음속에 얻어지는 최종적인 고차원적 욕구에는 진, 선, 미 그리고 숭고함에 대한 자각이 있다. 이 고차원적인 욕구에 도달하기 위해서는 그보다 낮은 차원에서 충분히 욕구를 처리하지 않으면 안 된다. 미적이나 정신적 욕구가 채워지기 시작하면 거의 모든 사람들에게 결여되어 있는 '목적의식'을 갖게 된다.

인생의 목적을 알 수 없고, 왜 자신이 살고 있는지 알 수 없다고 말하는 사람은 앞에서 말한 낮은 차원의 욕구에만 머물러 있기 때문에 아직도 목적을 모색중이다. 그런 사람이 자기 자신의 일을 일단 잊고 진, 선, 미 그리고 숭고함에 대한 욕구에 눈을 돌리면 견문하는 것, 행하는 것 전부가 인생의 사명의 일부가 된다.

세계를 누구에게나 살기 좋고 아름다운 곳으로 만들기 원한다면 자동적으로 욕구도 채워지기 때문에 저차원의 욕구에 구애받지 않게 된다. 미를 추구하는 사람은 미를 어떻게 표현하는가를 찾아 헤매는 대신, 바로 자신이 아름다움 속에 살게 된다. 진실의 소중함을 알면 그것을 주위에 펼치려거나 찾으려고 하지 않으며 그 사람 자체가 진실이 된다. 즉 구하는 것을 중지하고 바로 그 자신이 진실이 되는 것이다.

목적의식은 발견해 내는 것이 아니라 자신이 알고 있지 않으면 안 되는 것이다. 진실도 찾을 수 있는 종류의 것이 아니라 자신이 그 속에서 살지 않으면 안 되는 것이다. 진실은 산소나 물과 마찬가지로 아이가 살아남기 위해 필수 불가결한 것이다.

아무도 진실을 말하지 않고 거짓말만 하고 있는 환경 아래서의 생활을 상상해 보자. 아무도 진실을 말하지 않는다면 남을 믿고 일을 해나갈 수가 있을까? 당장 사람들은 진실과 거짓을 뚜렷이 구별하기 위해 열중하기 시작할 것이다. 뚜렷이 구별이 되면 이렇게 당당히 말하는 사람도 나타날 것이다.

"나는 거짓말을 하고 있었습니다. 이것은 진실이 아닙니다."

거짓말이 판을 치고 있는 곳에서는 불신감이 높아지고 분별 있는 생활은 불가능하게 되어 버린다. 진실은 필요하며 아이는 그곳을 향해 성장해 가는 것이다.

이런 생각은 그 밖의 보다 고차원적인 욕구에도 해당된다. 오랫동안 악화된 더러운 환경 속에 몸을 담고 있으면 아름다움에 대한 욕구가 일어나는 법이다.

미에 대한 궁극적인 목적은 유명한 그림을 높이 평가할 수 있거나 클래식 음악회를 즐길 수 있거나 하는 것에 있는 것이 아니라 마음속에 높은 식별안을 갖는 데 있다.

각기 고유의 미를 평가할 능력을 갖고, 누구에 대해서도 무엇에 대해서도 미를 인식하는 마음으로 대하는 것이다. 미에 대한 이런 태도는 밖에서 찾아내려는 것이 아니라 자신 속에 계속 지니고 있어야 하는 것이다.

4
자녀의 목적 탐구를 위해 부모가 해야 할 일

    고차원적인 욕구가 채워져도 계단을 올라가는 것이 끝난 것은 아니다. 그러므로 아이가 쉬지 않고 계단을 계속 올라가도록 원조해 주는 것도 필요하다.

    일이나 레저를 통해 인생의 목적을 찾을 수 있느냐 없느냐에 대해서는 의견이 달라지지만, 목적의식이 있다면 의미 있는 인생을 보낼 수 있다는 점에는 논의의 여지가 없다. 목적의식은 어릴 때부터 굳건히 다져놓지 않으면 안 되며, 어른이 항상 보강해 주지 않으면 안 된다.

    어린 시절은 어른 쪽에서 보면 근심거리가 없는 목가적인 시기로 생각되기 쉽다. 그러나 아이의 자폐증, 정신 분열증, 자살 등을 보면 절박함에 대한 수단을 마음속에서 찾지 못하는 아이가 있다는 것을 알 수 있다. 그러므로 아이에게도 의미 있는 생활을 보낼 수 있도록 특별히 교육할 필요가 있다.

자존심이 결여되어 있기 때문에 간단히 상처를 입기 쉬운 젊은 이들은 '나는 왜 태어난 것일까?' 라는 의문에 시달리고 있다.

이 의문에 대한 노이로제 성향이 있는 젊은이들은 다음과 같은 생각에 자신의 존재가치를 부여하고 있다.

● 가문이 단절되지 않고, 가계가 오래 계속되고 있다는 것을 자랑하기 위해서

● 여가를 주체하지 못하는 어머니를 즐겁게 해주기 위해서

● 원하지도 않는데 우연히 태어나 버렸기 때문에 자신의 가치를 증명하기 위해서

● 형제나 부모의 뒷바라지를 하기 위해서

● 특별한 역할을 맡기 위해서(어릿광대라든가 착한 아이, 영리한 아이의 역할을 맡기 위해서)

● 딸은 이미 있어서 아들이 필요했기 때문에

이들이 인생의 목적을 찾고 있는 사이에도 편안한 마음으로 있는 것은 세상이 자신을 환영해 주고 있다고 생각하고 있기 때문이다. 이처럼 어른이라면 표면상의 판단은 어떻든 간에 자신의 가치는 변하지 않는다고 확신하고 있기 때문에 남에게 거절을 당해도 참을 수 있지만, 갓난아기에게는 주위에서 자기를 원하고 있다는 감각이 필요하다.

어른이 안아 주거나 먹여 주거나 얘기를 걸거나 시중을 들거나

하면 갓난아기는 민감하게 반응한다. 태아조차도 빛, 소리, 어머니와 연결되어 있다는 것을 나타내는 연구가 진행중에 있다. 어머니의 임신에 대한 사고방식이 태아에게 영향을 주는 9개월간에 신체적인 환경을 좌우하는 것이다.

많은 공을 들여 키운 아이는 현실 세계가 살기 좋은 곳이라고 강하게 믿게 된다. 또한 이런 아이는 즐겁게 성장하고 타인으로부터 애정을 받아들이며 마찬가지로 남에게 애정을 줄 수 있게 된다.

아이들 가운데는 눈앞에 펼쳐져 있는 세계에 회의적이며 공포심을 갖고 거의 관심을 갖지 않으려는 아이도 있다. 또 주저하고는 있지만 호기심을 가지고 있어서 신나는 일이 일어나는 것을 보고 마음을 움직이는 아이도 있다.

즐거움으로 가득 찬 가운데서 배운 것은 순조롭게 몸에 익히게 된다. 대부분의 어머니들이 알고 있는 '골치 아픈 두 살', '말썽만 부리는 세 살' 때가 되면 떠들썩하게 노는 것을 좋아하는 작은 독재자로부터 '싫어!' 라는 말을 듣기 싫도록 듣게 되는데, 이럴 때 부모의 권위에 따라 편리한 대로 '안 된다' 고 말하는 것이 문제다.

"글쎄, 그건 내가 이렇게 생각하니까 안 돼." 하는 말은 설득력이 부족하여 두세 살 아이와 부모 사이의 영원한 말다툼 거리가 된다.

인생의 목적을 정의하는 것은 어렵다. 그러나 목적이란 직업을 가지고 '무엇을 해야 하느냐' 가 아니라, '어떻게 살아가야 하느냐' 는 태도이다.

만일 인생의 목적이 행복하게 되는 것이라면 자기 만족에 머물지 말고 개인의 행동이 타인의 행복 추구를 방해하지 않도록 한다는 점에까지 생각을 넓혀야 할 것이다.

무한계 인간의 윤리와 가치는 이기적인 것이 아니라 관대한 것이다. 무한계 인간은 타인의 행동을 철저하게 기뻐하고 자신도 풍요로워진다고 느낀다.

타인에게 행복을 주게 되면 타인과 함께 한다는 마음을 갖게 되기 때문에 만족감을 얻을 수 있다.

의미 있는 생활을 하고 있는가 아닌가를 구별하는 데 물질 면에 초점을 맞추는 사람이 많다. 소유하고 있는 것에 자연히 이자가 붙어 불어나면, 성공이라는 레테르가 붙여진다. 세계를 개선한다는 식의 고상한 목적의 경우에조차 표면만을 중요시한다면 진보의 정도는 물리적으로 잴 수 있다.

그러나 무한계 인간이 세계는 이미 멋진 곳으로 되어 있다고 믿고 있는 것처럼 멋진 세계관을 갖는다면, 인생의 목적은 발견될 수 있을 것이다.

이상과 같은 생각을 바탕으로 몇 가지 제안을 해보고 싶다.

유아 때부터 식사나 수면을 스스로 컨트롤하도록 한다.

유아의 기본적인 욕구를 채워 주려면 안전한 범위 안에서 될 수 있는 대로 자유스럽게 자신이 판단하도록 해야 한다.

젖을 먹이거나 식사 때는 유아에게 마음대로 하도록 내버려 두기 바란다. 유아의 본능은 태어날 때부터 천재인 것이다. 그래서 무엇을 언제 먹고 싶은지, 언제 먹고 싶지 않은지를 잘 알고 있다. 물을 마시고 싶은지, 아니면 필요 없으니까 밀쳐 버리고 싶은지, 자기가 다 알고 있다. 갓난아이는 본능적으로 자신이 언제 깨는지, 언제 잠드는지를 알고 있으며 자신이 무엇을 필요로 하고 있는지 부모에게 알리려고 한다.

이와 같이 유아는 완전한 기능을 지닌 인간이다. 부모가 귀를 기울여 보면 그들이 살아가기 위한 지식을 충분히 가지고 있다는 것을 알 수 있을 것이다.

자녀가 커감에 따라서 신체의 기본적인 기능에 대해서는 될 수 있는 한 자신이 관리하고 쾌적하게 지내도록 해주어야 한다. 음식을 강요하는 것이나 부모의 스케줄에 맞춰서 재우려는 것을 그만두고 자기 스스로 더위, 추위, 공복감, 갈증, 졸음 등을 느낄 수 있도록 도와주기 바란다.

부모가 자녀의 변덕에 순응할 필요는 없다. 신체에 관한 욕구는 자녀에게 책임을 지게 하고, 자주성을 몸에 익히도록 하는 것이 좋다.

10살쯤 되면 스스로 식사를 준비하게 하고 상식의 범위 내에 한하지만 잠자는 시간을 정하게 하며 영양의 밸런스도 검토하기 바란다.

토론을 하거나 말다툼을 하지 말고 원하는 대로 신체상의 욕구를 채우도록 하면 아이는 놀랄 정도의 힘을 발휘하게 된다.

아이에게 압력을 가하는 듯한 참견은 중지하고 상식을 넘지 않고 불건강하게 되지 않는 범위라면 자신의 생활에 책임을 지게 한다. 그러면 몸 안의 경계작용이 상호 작용하여 밸런스가 유지된 식사나 수면 시간, 건강한 운동, 계획 등을 스스로 선택하게 된다.

아이가 자신의 생활을 컨트롤 할 수 없다고 생각하는 부모는 자문자답해 보기 바란다.

될 수 있는 한 어릴 때부터 스스로 자신의 일을 마무리짓도록 부모가 신경을 써준다면 욕구의 계단을 빨리, 그리고 수준 있게 올라갈 수 있게 된다.

생활 속에서 양질의 것을 찾는 능력을 키워 줘라

아이에게는 생활의 질을 강조해야 하며 '될 수 있는 대로 많은 것을 움켜잡아라' 하고 가르쳐서는 안 된다.

아이와 함께 자연을 접촉하고 직접 자연을 체험하도록 해주기 바란다. 즐기려는 노력을 칭찬하고 남을 이기려고 한다든가 물건의 수를 늘리려는 행위는 칭찬하지 말아야 한다.

그리고 제일 먼저 부모가 생활의 질이 높은 인간이 되어야 한다. 다음으로 주위 사람들이 자신이 생각하는 것만큼 높이 평가하지 않더라도 당황하지 않도록 가르치고, 눈앞에 나타나는 것 모두를 높이 평가하는 태도를 익히도록 장려해야 한다.

자연의 아름다움도 아이가 처음에는 잘 깨닫지 못하고 가볍게 생각하더라도 실망하지 않고 여러 번 반복하다 보면 어느새 마음속으로 깨닫게 된다.

"몇 번 저 산을 보아도 싫증이 나지 않는다."라든가 "새가 무리를 지어 날아가는 것을 보는 것이 좋아. 조금도 지루하다는 생각이 안 들거든." 하는 등의 말을 듣고 있는 사이에 생활 속에서 나오는 질 높은 것을 평가하는 태도가 아이에게 자연스럽게 몸에 배게 된다.

아이는 몇 번씩이나 이렇게 말할 것이다.

"하나도 재미없어. 비디오게임이 더 재미있단 말야."

그렇게 말해도 괜찮다.

"네가 비디오게임을 좋아하는 것은 알고 있지만, 이 아름다운 석양을 보고 있노라면 아빠는 네가 게임을 하고 있을 때처럼 가슴이 뛴단다."

아이에게 자기가 좋아하는 것을 좋아할 권리가 있다는 것을 가르치고, 그 다음에 게임 기계용 동전이 없어도 생활 속에서 양질의 것을 발견해 나가는 능력이 자신에게 있다는 것을 자각하게 하면 되는 것이다.

생활 속에서 양질의 것을 나타내 보이고, 모든 것에서 기쁨을 발견하는 즐거움을 가르치면, 자기 앞에 나타난 것을 즐기는 능력을 몸에 익혀 목적의식의 태반을 획득한 셈이 된다.

불쾌함 속에서 유쾌함을 찾게 해라

사물의 어두운 면을 볼 때라도 낙관적으로 생각하도록 만들어라. 즉 컵을 볼 때도 비어 있는 부분에 주목하는 것이 아니라, 물이 아직 많이 남아 있다고 생각하는 아이로 키우기 바란다.

비관론자는 자기 주위에 있는 사람들의 자세를 흉보거나 세상은 불쾌한 곳이라고 생각하는 사람이다. 이들은 대개 자신이 놓여 있는 상황이 불쾌하다고 배워 왔기 때문에 그렇게 생각한다.

살아 있는 모든 것에 감사하는 사람들이나 사물이 좋은 방향을 향해 간다고 믿고 있는 사람들은 다만 앉아서 일의 결과를 지켜보는 것이 아니라는 것, 자신의 운명에 책임을 져야 한다는 것을 아는 사람들이라는 것을 가르쳐 주고 이 사람들을 본받도록 해야 한다. 이것은 본질적인 자세의 문제로, 쉽게 효과를 볼 수 있는 방법이며 아이에게 좋은 교육이 될 수 있다.

인생에 있어서 강한 목적의식을 갖고 있는 사람들 가운데 세상이 나쁘게 될 것을 걱정하는 비관론자는 한 사람도 없었다. 뚜렷한 목적의식을 가진 사람은 진보를 믿고, 그렇게 함으로써 잘되어 나가는 것이다.

나쁘게 되는 것이 아닐까 하고 상상하면 오히려 무슨 일이든 그 방향으로 진행하게 된다. 목적의식과 낙관주의와 긍정적인 기대는 상호 작용하는 것이다.

지금 칭찬해 주면 계속 발전해 나간다

일상생활 속에서 아이를 칭찬하도록 노력하기 바란다.

목적의식은 언젠가는 몸에 배는 것이라고 속단해서는 안 된다. 부모도 자녀도 매일의 생활이 중요하며 삶의 목적을 갖고 있다는 것을 잊어서는 안 된다.

"더하기나 곱하기는 중요한 공부다. 네가 벌써 알고 있다니 엄마는 정말 기쁘구나!"

"옆집에 과자를 가져다주는 것은 대단히 좋은 일이란다. 모두가 너처럼 인정이 많으면 세상이 얼마나 살기 좋아지겠니?"

"라디오를 수리할 수 있다니 굉장하구나! 지금 곧 수리점을 차려도 되겠는걸? 돈을 벌 수 있을 뿐만 아니라 곤란한 사람들을 얼마든지 도와줄 수도 있으니까 말야."

아이는 현재가 중요한 것이다. 아이에게 평생 목적을 가지고 생활하도록 가르치면 커서도 목적의식을 계속 갖게 될 것이다.

아이의 일이나 노력을 부모는 얼마나 높게 평가하고 있는가, 또 타인에게 도움이 되는 일을 하면 상대가 얼마나 기뻐하는가를 시간을 내서 지적하는 것만으로도 부모는 자녀를 훌륭하게 만들고 있는 셈이다.

과자나 우유를 혼자 사는 노인에게 가져다주는 아이는 장래에도 곤경에 처한 사람을 도와주게 된다. 이런 종류의 목적을 가진 행동을 취하게 하려면, 아주 어렸을 때부터 어른이 될 때까지 적극적으로 칭찬하고 격려해 주어야 한다.

싸움하는 것을 씩씩하다고 생각지 마라

아이는 태어났을 때부터 신경질을 부리지 않도록 해야 한다. 또 증오심이나 분노의 감정을 갖지 않도록 주의시켜야 한다.

자녀가 폭력에 익숙해지지 않도록 적극적인 수단을 강구하는 것이 좋은데 아이가 어떤 텔레비전 프로를 보고 있는가를 주의 깊게 살펴보고, 감수성이 예민한 나이의 아이에게는 살인, 칼싸움, 강간, 그 밖의 어떤 폭력 장면도 보여줘서는 안 된다. 그리고 자기보다 나이어린 아이를 때리거나 못된 말을 했을 때는 부모가 즉시 단호한 행동을 취해야 한다.

"아빠나 동생 때문에 속상하면 마음껏 화를 내도 괜찮지만 때려서는 안 된다. 화가 나더라도 남을 때려서는 안 된다는 것을 네 방으로 가서 잘 생각해 보렴."

폭력 행위가 있을 때마다 아이가 납득할 때까지 이 말을 반복해 주도록 한다. 그때도 부모가 자녀를 사랑하고 있다는 것을 알도록 해야 한다. 평화를 사랑하는 것이 가족이나 세상과 원만하게 살아가는 유일한 방법이라고 자녀의 마음에 강하게 인상 짓도록 해야 한다.

부모가 자녀보다 나이가 많다는 이유만으로 자식을 때리지 않는 것처럼 자기보다 나이가 적은 사람을 때리거나 욕하거나 해서는 안 된다는 가르침을 똑똑히 이해하도록 해야 한다.

분노나 증오가 아니라 서로 온화한 마음으로 대해야 한다는 중요성은 아무리 강조해도 지나치지 않다. 아이들끼리, 특히 형제 간에 항상 싸우고 두들겨 패고 소란 피우는 것이 반드시 옳다고 주장할 수 없다.

온화함이나 애정이나 협력하는 마음을 갖게 해 짜증이나 폭발적인 분노를 인간 이외의 것에 돌리도록 해야 한다. 벌컥 화를 내는 것은 몸에 나쁜 것도 아니고, 또 인간이 함께 생활하고 있는 이상 부모도 자식도 짜증을 내는 것은 있을 수 있는 일이나 그 감정을 타인에게 돌려서는 안 된다는 것이다.

이것은 전 인류에게 통하는 법칙으로, 모든 인간이 살아가기 위해 지키지 않으면 안 되며 보다 높은 가치로 향하는 계단을 올라가기 위해 꼭 필요하고 중요한 법칙이 될 것이다. 폭력의 징조가 보이면 경계하고, 현실로 나타날 때는 말릴 준비를 하지 않으면 안 된다.

조그만 말다툼이 벌어질 때마다 일일이 감시하고 판정을 내려야 한다는 것이 아니다. 가족 가운데서 벌컥 화를 내거나 주먹질을 하거나 증오에 찬 악의 있는 말을 하는 식으로 폭력이 명확한 형태를 취했을 때만 해당되는 법칙이라 할 수 있다.

어릴 때부터 폭력이 용서받지 못할 행위라는 것을 알게 되면 평생 두 번 다시 하지 않게 되고, 감정을 억제할 수 있게 된다.

발돋움을 하게 해라

고차원적인 욕구에 대해 생각하고 아름다움이나 건전한 가치를 발견하는 데 도움이 될 수 있는 책들을 읽어 주는 것이 좋다.

〈소공자〉, 〈갈매기의 꿈〉, 〈이상한 나라의 앨리스〉, 〈걸리버 여행기〉, 그 밖에 소중한 교훈을 전해 주는 우화를 읽어 주고 자녀의 나이에 따라 책을 선택하여 부모 자식 간에 이야기를 나누는 것이 좋다. 또 비디오게임을 하거나 유원지에 가거나 교훈을 전하는 시 낭독이나 음악 감상, 연극이나 영화 감상 등을 하면 아이는 이런 각각의 경험에서 많은 것을 배울 수 있다. 특히 부모와 얘기를 나누게 되면 특히 얻는 바가 많아진다.

자주 게임이나 퍼즐을 하며 책을 읽거나 또 어른에게 질문하면서 고차원적인 가치를 몸에 익히는 등 발돋움하는 행동을 취하면, 어릴 때부터 고차원적인 욕구가 채워지게 된다.

아이와 함께 어울려서 배우는 것을 주저하지 말라. 아이의 나이에 맞춰서 여러 가지 자료를 모은 도서실을 만드는 것도 좋다. 또 능력 개발과 의욕의 개발을 목적으로 한 카세트 테이프나 CD를 사주는 것도 좋다.

10대 아이를 유익한 영화에 데리고 간 뒤 이야기를 나누도록 하고, 이것을 습관으로 삼는 방법도 좋다. 부모는 아이가 몇 살이든 고차원적 욕구에 관심을 가져야 한다.

적극적인 생활을 하면 혈액 속의 엔돌핀이 늘어난다

적극적으로 생각하게 되면 혈액 속의 각종 엔돌핀이 늘어나지만 부정적인 사고방식에서는 그렇지 않다는 것을 언제나 기억해 두도록 하자. 낙관적이고 적극적으로 생각하는 것은 건강 유지에 좋다. 기분을 밝게 가지고 즐겁게 생각하는 쪽이 건강하며 부정적으로 생각하면 병에 걸릴 가능성이 높아진다. 부모가 먼저 우울한 생각에 잠기지 않고, 적극적인 자세로 살아가며 아이를 언제나 칭찬하며 올바른 시각으로 사물을 보도록 가르쳐라.

사고도 몸의 작용과 관계가 있다는 것을 가르치고, 화를 내면 스트레스가 쌓여 죽음에 이를 위험성이 있다는 것을 이해시켜야 한다. 우울한 생각에 잠겨서 병에 걸리는 일이 없도록 약간 연극을 해도 좋다. 우리가 밝은 것을 볼 때 기분이 좋아지는 것은 뇌에서 플러스 화학물질이 혈액으로 흘러 들어가기 때문이다.

자신의 생각과 운명을 컨트롤할 수 있게 되면, 몸의 기관 속의 불건강한 엔돌핀의 양이 줄게 된다.

남을 흉내낸 성공보다는 자기 식의 실패를 칭찬해라

부모는 아이의 개성을 존중하고 이것의 필요성을 깨닫도록 해야 한다. 한 사람 한 사람의 머리에 이런 네온사인을 부착하자.

"남과 똑같은 것을 한다면 무엇을 시도해볼 수 있을까?"

비참한 실패로 끝난다 하더라도 자기 방식으로 시도하고 있을 때는 칭찬해 주도록 한다. 모두와 똑같은 길에서 벗어나는 것을 장려하고 새롭게 연구하는 노력이나 독창적인 행동을 취하려는 것을 지지해 주는 것이 좋다.

고차원적인 가치를 추구하고, 고차원적인 욕구를 존중하는 사람은 그저 막연하게 남에게 맞추려고 하지 않으며, 음매음매 하고 우는 양으로 머물러 있을 생각도 하지 않는다. 아이에게 독창성의 중요성을 평생 가르쳐 나가는 것은 중요하다.

고차원적인 삶을 사는 사람은 모험을 좋아하고 자기 식의 방법을 발견하려는 사람이다.

아이나 부모에게 있어 좋지 못한 결과가 나오든 나오지 않든 아이가 독창적인 삶을 살도록 격려한다면 아이는 고차원적 가치의 길을 걷게 되며, 목적의식을 가진 사람만이 손에 넣을 수 있는 성과를 향유할 수 있게 될 것이다. 남을 흉내내고 있는 동안에는 목적의식을 갖지 못한다는 것을 명심하기 바란다.

자녀와 잠깐 떨어져서 지내라

자녀가 부모에게 욕설을 내뱉는 경우도 있다. 이럴 때는 관대하게 넘겨서는 안 된다. 자녀를 양육하고 있을 때는 화나는 일이 많이 있다. 아무리 능숙하게 아이를 키워도, 또 무한계식 생활 태도의 원칙대로 가르친다 해도 아이가 심술궂거나 분별없이 행하는 무례한 예는 얼마든지 볼 수 있다.

이럴 때 부모는 자녀로부터 떨어져서 잠시 동안 휴식을 취할 권리가 있다. 아이가 불쾌한 행동을 한 경우, 부모가 그 희생물이 될 필요는 없다. 아이에게 욕을 먹고 참을 필요는 없는 것이다. 그와 같은 때를 대비해서 미리 계획을 세워 두도록 하자.

먼저 화가 날 때 부모는 방으로 들어가 잠시 조용히 앉아 있도록 한다. 분노를 폭발시키거나 팽팽한 긴장감을 뱉어 버려도 상관 없지만, 아이에게는 화풀이를 하지 않는 것이 좋다.

자녀와 얼마간의 거리를 두며 잠시 휴식을 취하는 것은 부모에게나 자녀에게 모두 중요하다는 것을 분명히 알게 한다. 거리와 시간을 두고 쉬겠다는 것을 아이에게 뚜렷하게 선언해야 한다.

부모의 흥미가 자녀에게서 떨어지는 것은 잘못된 것이 아니므로 죄책감을 가질 필요도 없다. 자녀와 떨어져서 지내는 것을 일상생활의 일부로 삼으면 서로의 가치도 잘 알게 되고 부모가 고차원적인 욕구와 맞붙는 장소를 무리하게 만들지 않아도 된다.

부모는 잔디를 키우는 것이 아니라 자녀를 키우는 것이다

인간이 물건보다 소중하다는 것을 항상 머리 속에 넣어 두자. 인간의 생각이 물건을 비축하는 것보다 중요하며 마음의 평화에는 가격을 매길 수가 없다.

'미네소타 트윈스'의 유명한 강타자인 허몬 킬브루가 야구의 전당에 봉헌되었을 때, 기념식전의 인터뷰에서 이렇게 말했다.

"제가 어릴 적, 뒤뜰에서 아버지와 동생과 셋이서 축구를 하고 있었는데, 잔디를 엉망으로 만들어서 어머니한테 꾸지람을 들었습니다. 그때 아버지께서 하신 말씀을 아직도 기억하면서 제 자식을 키우는 지침으로 삼고 있습니다. 그 말은 '나는 자식을 키우고 있는 것이지 잔디를 키우고 있는 것은 아니란다.' 입니다"

이 말을 마음속에 명기해 두자. 인간은 한 사람 한 사람이 모두 소중하다. 물건은 대체할 수 있지만 사람은 무엇과도 바꿀 수 없다. 이 원칙을 바탕으로 해서 아이를 대한다면, 발랄하고 즐겁고 의의 있는 생활을 하는 아이로 기를 수 있을 것이다.

물건이 망가져서 낭패스러울 때에도 부모는 지금은 자녀를 양육하고 있는 중이라는 것을 자각하고, 자녀의 쾌적한 생활이나 행복, 성공, 성취가 육아의 참다운 목적이라고 생각하도록 하자. 자기의 자녀, 더 나아가서는 전 세계의 아이들을 대할 때에도 물건보다도 인간이 더 중요하다는 원칙을 항상 머리 속에 넣어두기 바란다.

아이는 스스로 결정하고 싶어한다

아이에게는 부모의 방해를 받지 않고, 또 질서를 강요받지 않으며 자신의 세계 속에서 독자적인 질서를 만들도록 해야 한다.

질서의 필요성을 부모가 자녀에게 강요해서는 안 된다. 유아 때부터 성인의 시대를 경유하여 노년기에 이르기까지 환경을 정리하는 의식과 자신을 컨트롤하기 위한 질서 감각을 갖추어 나가야 한다.

아이의 방은 아이답게 만들어야 하며, 건강상의 불편한 일이 일어나지 않는 한 부모는 아이의 방에 들어가지 않는 것이 좋다. 아이는 자기 식으로 물건을 정돈하는 방법을 발견하기 때문에 칠칠치 못한 단계를 거칠 필요가 있다.

더러워진 옷을 멋대로 내던져 놓는 등 자신의 세계는 어느 정도 자신의 컨트롤 하에 있다고 실감하는 것이 중요하다. 그런 이유로 세탁 바구니에 옷을 넣지 않을 때는 스스로 옷을 빨게 하는 것도 좋다.

나이에 관계없이 누구나 자신의 세계 속에서 일어나는 것에 대해 결정권을 갖고 싶다고 생각한다. 위험한 때를 제외하고 부모가 자녀의 결정권을 인정해 주고, 자녀에게 될 수 있는 대로 간섭하지 않도록 하면 자녀는 가장 힘이 있는 사람으로부터 자발적인 면을 인정받고 장려 받았다는 자부심을 갖게 된다.

통풍이 잘 되는 관계가 되어라

잊어버려서는 안 될 중요한 문제 한 가지는 '진실'을 관계의 기초로 삼으라는 것이다.

아이가 무엇인가를 망가뜨렸을 때, 설교를 듣거나 벌을 받지나 않을까 해서 부모에게 말을 하지 않는다면, 진실을 이야기하지 않아도 된다는 불문율을 부모가 만들어 버린 셈이 된다.

진실은 다른 무엇보다도 가치있는 것이라는 부모의 생각을 아이에게 전달하면, 아이들은 거짓말하지 않아도 되는 부모를 가진 것에 대해 감사하게 된다.

거짓말이 없는 환경은 아이를 키우는 데 있어 가장 건전하고 안전한 장소이다. 어떤 이유에서든 거짓말을 하지 않으면 안 되었던 때를 한번 생각해 보자. 그런 상태에서는 근심이 따라다녔을 것이다.

성경에서 '진리가 우리를 자유롭게 해준다' 는 것은 무의미한 훈계가 아니다. 그야말로 참다운 진리다. 아이가 정직하게 이야기하면 칭찬해 주도록 하자. 그러나 거짓말을 하게 되면 즉시 아이에게 주의를 주기 바란다. 아이의 거짓말을 관대하게 여기는 것은 아이를 위해 좋지 않다.

아이는 도움이 필요한 경우에 부모에게 말하면 어떤 반응을 보일까가 근심이 되어 부모를 피하는 것이 다반사이다. 가볍게 의논하러 올 수 있도록 관계를 개방적으로 만들기 바란다. 그렇게 되면 곤란한 때에 부모에게 무슨 이야기를 해도 괜찮다고 생각하게 될 것이 틀림없다.

아이가 거짓말을 했을 때는 아이 쪽에 문제가 있다고 생각하지 말고, 우선 이렇게 자문해 보자.

'내가 잘못한 것이 아닐까? 아이가 참말을 할 수 없도록 환경을 만들어 버린 것은 아닐까?'

그리고 나서 다음으로 옮겨 가자.

고결함의 가치를 이야기하고 자신의 실패나 잘못에 정면으로 맞서며, 커다란 실수를 정직하게 인정하는 것은 자신을 속이고 타인을 납득시키려는 것보다 훨씬 더 고급스럽고 훌륭하다고 설명해 주기 바란다. 항상 옳다고 생각하는 상태는 무한계식 생활 태도에서 가장 중요한 부분이다.

마음의 발달 단계의 가장 높은 욕구는 '진실'에 대한 것이다. 어떤 진실에도 뒷걸음질치지 않고 다음과 같은 말을 솔직하게 할 수 있도록 하자.

"사실 그대로 말해도 꾸짖지 않을 거야. 곤란한 일이 있으면 어떤 일이든 의논해도 좋단다. 네가 한 일에 찬성하지 못할지는 모르지만, 정직하게 이야기하는 것은 훌륭한 일이라고 생각한다. 부모와 자식 간에 거짓이 있는 것은 좋지 않단다. 나도 마찬가지로 너한테 거짓말을 하지 않도록 노력하마."

개미에게도 살 권리가 있다고 가르쳐라

모든 생명을 존중하는 아이로 키우도록 하자.

유아 때부터 생명 있는 것의 신성함을 가르치는 것이 좋다. 아이가 놀면서 개미를 죽이는 것을 보면, "개미에게도 살 권리가 있단다." 하고 다정스럽게 설명해 주자. 아이가 집에 들어온 모기를 잡으려고 할 때, 모기를 밖으로 내쫓아 생명의 소중함을 몸소 보여주는 것도 좋다.

이 생각에 극단적으로 매달리는 것은 그리 찬성할 수 없지만, 하나님이 창조한 모든 것에 대해 진정한 경의를 나타내는 것은 절대로 필요하다고 생각한다. 그런 사람들은 예외 없이 생명의 신성함에 커다란 경의를 가지고 있다.

생명이 있는 것을 존중하는 습관을 익혀 자기 자신을 존중하는 것과 마찬가지로 남도 존중할 것을 자녀에게 가르쳐야 한다.

나는 몇 년 전에 해변에서 일어난 일을 아직도 잊지 않고 있다.

해변에 밀려 올라와 당장이라도 죽을 것 같은 열대어가 있었다. 주워서 다시 바다로 던졌으나 그 물고기는 밀어닥치는 거센 파도를 헤엄치지 못해 다시 해변으로 밀려 올라오고 말았다. 나는 이번에는 집어 올려서 힘을 내도록 물고기를 계속 쓰다듬어 주었다. 10분 가량 있자 물고기는 다시 기운을 되찾아 드디어 파도를 헤치고 헤엄쳐 나갔다.

하잘것없는 일처럼 보일지 모르지만, 내가 물고기의 목숨을 구하는 것에 책임감을 느낀 것은 사실이었다. 물고기를 도와주면서 죽음의 위기를 극복할 때까지 함께 느낀 승리의 기쁨과 만족감은 지금도 잊을 수 없다.

생명의 존엄성은 모든 동식물에게까지 퍼져 나간다. 인간은 모두 지구상에서 함께 살아가고 있다. 서로 도와주고 자주적이고 건강하고 발랄한 존재가 되었을 때, 인간이 지상에서 살고 있는 커다란 목적을 달성했다고 할 수 있다.

아이가 모든 생물에게 경의를 표하는 태도를 갖게 되면, 목적의식도 뚜렷해질 것이며, 그 결과 지금보다 더 행복해지고 만족감을 얻을 수 있게 될 것이다.

아이가 잔인한 짓을 하고 있을 때는 다음과 같이 다정하게 물어 보자.

"투구벌레도 살 권리가 있다고 생각되지 않니?"

"네 즐거움을 위해 거미가 죽어도 좋다고 생각하니?"

생명이 있는 것은 무엇이든 우주의 목적의 일부이고, 의미도 없이 죽이는 것은 인간에게 주어진 생명에 대한 모독이다.

이상이 자녀가 지금 몇 살이든 간에 응용할 수 있는 자녀의 양육 방법이다. 고차원적인 욕구는 목적의식과 병행해 자녀의 개성 창조에 커다란 역할을 수행한다. 자녀가 매일 보는 것에서 아름다움을 느끼고, 모든 인간이 물려받은 선량함을 보며 적극적인 마음가짐과 존경의 감정을 가지며 생각하는 것의 소중함을 알아가는 것을 지켜보기 바란다.

여기에 쓰고 있는 견해의 기초는 세계는 본질적으로 선하며, 인간은 멋진 존재이고, 생명 있는 것은 모두 경이롭게 살아 움직인다는 신념이다. 기적을 일부러 찾지 않더라도 생명은 기적으로 가득 차 있다는 것을 알고 경이 속에서 살아가야 한다. 이것이야 말로 목적의식이 지향하는 것이다.

부모가 이 목적의식을 갖고, 자녀의 고차원적 욕구를 채워 주게 되면, 궁극적으로는 목적의식이 자녀를 지배하게 된다. 십계명을 지키는 대신 자녀 자신이 십계명이 되어 버리면, 그는 진실을 찾는 것이 아니라 진실 속에 사는 것이 되고, 십계명을 깨뜨리는 일도 없게 된다.

제 5 장

성장한 자녀가
아버지에게 보내는 편지

| 고맙습니다. 아버지 자식으로 태어나기를 잘했습니다 |

내 아들 딸한테 이런 편지를 받고 싶다

자녀가 훌륭한 성인이 되었을 때, 책상 앞에 앉아 자신의 인생의 참다운 안내자가 되어 준 분에게 한 통의 편지를 쓰는 일을 한번 상상해 보자.

그 편지의 수취인은 부모나 조부모라 해도 좋고 선생님, 친구, 그 밖에 누구도 좋다. 어쨌든 다음과 같은 편지를 받을 수 있다면 자녀를 무한계 인간으로 키우고자 했던 그 사람의 노력은 충분히 보답을 받았다고 해도 좋을 것이다.

자녀가 스스로 가능성을 최대한으로 실현하고, 감사하는 마음으로 충실한 인생을 보낼 수 있도록 도와주기 위해 당신은 무엇을 하고 있는지 잘 반추해 보기 바란다. 그 다음에 이 편지를 숙독하기 바란다.

나는 미래를 훔쳐본다는 작가의 전매특허를 살려서 이 편지를 썼다. 지금은 아이가 아직 자신의 생각을 논리 정연하게 전할 수 없다 하더라도, 언젠가 이와 같은 편지를 실제로 쓰는 경우가 있을 수 있다고 생각하기 때문이다.

현재 자녀교육에 열중하는 사람들이 자녀로부터 이런 말을 들을 수 있다면 참으로 멋진 일이겠지만, 좀처럼 그렇게 되기란 쉽지 않은 일이다.

다만 내가 이 편지를 쓰는 것은 자녀양육에 임하는 사람들이 그 사명을 인식할 수 있기를 바라는 마음에서이다.

고맙습니다. 아버지 자식으로 태어나기를 잘했습니다

사랑하는 아버지,

최근에 저는 아버지께 편지를 써서 감사의 마음을 전하고 싶다고 생각하게 되었습니다. 오늘날 제가 있는 것은 오로지 아버지의 가르침 덕택입니다. 지금까지의 인생을 되돌아볼 때, 아버지가 저를 위해 해주신 수많은 것에 대해 깊은 감사의 마음이 용솟음쳐 오르며 경외하는 마음을 가질 정도입니다.

저도 자식의 부모가 되어서야 비로소 아버지가 저에게 있어 얼마나 소중한 분이셨는가를 알 수 있게 되었습니다. 자녀양육이라는 것이 얼마나 힘든 일인가를 지금 뼈에 사무치게 느끼고 있습니다.

저도 자식을 무한계 인간으로 키우려고 생각하고 있으며, 그 훌륭한 잠재능력을 발휘할 수 있도록 도와주려고 생각합니다만,

아무튼 아버지와 같은 완벽한 모델을 가질 수 있었던 것은 저의 최대의 행운이었습니다. 그 모델에 뒤지지 않게 하려는 의지를 저는 지금 굳건히 다지고 있습니다. 아버지 못지 않은 에너지, 의욕, 호기심, 그리고 판단력을 갖기를 바라고 있습니다.

한 사람의 부모로서, 또 아버지 밑에서 구김살 없이 자란 자식으로서 지금 제가 아버지께 얼마나 감사의 마음을 갖고 있는가를 구체적으로 또 정확하게 말씀드리려고 합니다.

아버지는 저를 응석받이로 키우지도 않았고, 갖고 싶은 것을 무엇이든 다 사주는 일도 없었습니다. 지금에 와서야 그것에 대해 진심으로 감사드립니다. 언제든지 원하는 것이 손에 들어온다고 안이하게 생각하지 않고, 나 자신의 힘으로 그것을 획득할 수 있게 된 것은 그 덕택이지요.

저는 아버지가 언젠가 크리스마스 휴가 때, 우리 형제들을 앞에 놓고 하신 말씀을 잊지 못합니다.

"금년에는 너희들에게 특별히 선물을 할 수 있을 것 같지가 않구나. 왜냐하면 우리 집에는 지금 그런 여유가 없단다. 하지만 멋진 크리스마스를 보낼 수 있을 게다. 그리고 내년에는 틀림없이 너희들이 원하는 것을 무엇이든 사줄 수 있게 될 것이다."

우리는 누구 한 사람 실망하지 않았으며 불만스럽게 생각하지도 않았습니다. 모든 일이 반드시 뜻대로만 되지는 않는다는 것을 아는 중요한 계기였음을 지금의 저는 잘 알 수 있습니다.

제가 잘못을 저질렀을 때, 아버지는 그것을 인정하지 않는 것은 좋지 않다고 말씀하셨지만, 저를 함정에 빠뜨려서 자백을 받아내는 방법을 쓰신 적은 결코 없었습니다.

아주 어렸을 때부터 저는 아버지에게 거짓말 따위는 할 필요가 없다는 것을 알고 있었습니다. 아버지는 있는 그대로의 모습으로 저를 받아 주셨으며, 또 잘못을 미끼로 저를 궁지에 몰아넣거나 어리다고 해서 위압적인 태도로 대하지 않았으며, 결점을 스스로 고치도록 도와주셨습니다.

오늘날 저는 스스로를 정직한 인간이라고 자부하고 있습니다만, 그것은 지난날, 아버지가 저를 정직한 인간이라고 믿어 주셨기 때문입니다.

또 자식이 스스로 할 수 있는 일을 아버지가 대신해 주는 일도 전혀 없었습니다.

"새로운 것에 도전해라."

"목적을 향해 돌진하도록 해라."

"실패 따위를 두려워해서는 안 된다. 어쨌든 해보는 것이 중요한 거란다." 하고 아버지는 항상 변함없는 격려를 해주셨습니다.

아버지만큼 능숙한 격려자는 아마 드물었을 것입니다. 저까지도 어느 사이엔가 누구에게나 격려하는 버릇이 몸에 배어 버렸습니다.

자기 자신을 의지하는 것이 중요함을 아버지는 가르쳐 주셨습니다. 위험한 일을 굳이 저에게 시키는 것은 아버지로서도 몹시 불안했을 것이라고 생각합니다.

제가 지금까지 무사히 살아온 것도, 또 인생을 긍정적으로 생각할 수 있게 된 것도 그러한 위험을 경험해 온 덕택이라고 저는 믿고 있습니다.

저의 좋지 않은 행동에 아버지는 철저하게 주의를 집중하시지 않으셨습니다. 그렇게 되면 오히려 그 행동을 키워줄 뿐이라는 것을 알고 계셨던 것입니다.

소란을 피우거나 꽁무니를 빼거나 버릇없는 짓을 해도 대개 아버지는 아무 말 하지 않고 그냥 지나쳐 버리면서, 제가 조금이라도 좋은 일을 할 때까지 꾹 참고 기다리셨습니다.

그리고 좋은 일을 하면 즉각 칭찬을 해주셨습니다. 얼마 뒤 저는 바보 같은 행동을 그만두고 아버지한테 주의를 받을 수 있는 일을 하는 쪽이 좋다는 것을 깨달았습니다. 바보 같은 행동을 그만두었을 때만 아버지의 관심을 끌 수 있었기 때문입니다.

당시 저는 항상 아버지의 시선이 나에게 향하게 하고 싶다고 생각하고 있었기 때문에, 아버지의 그와 같은 태도에 화가 났으나 좋지 않은 행동을 하면 할수록 무시당하는 것이 십중팔구였지요. 그것은 아이에게 나쁜 습관을 고치게 하는 참으로 교묘한 방법이었던 것입니다.

설교도 체벌도 일체 없었던 가정교육이었으며 늘 대등한 관계가 이루어진 것에 기쁨을 맛볼 수 있었습니다.

아버지의 저에 대한 태도는 일관된 것으로, 그 점에서도 감사의 말씀을 드리고 싶습니다. 그 덕택에 저는 자신의 입장을 항상 알 수 있었으며, 그것이 바람직한 일이라고 생각하고 있습니다.

저를 강한 인간으로 만들기 위해서라면 아버지는 단호하게 행동하셨지요. 지금도 기억하고 있습니다만, 아버지는 저를 교정하려 하거나 아버지 쪽이 우위에 있다는 것을 저에게 가르치려 하신 적은 없지만, 제가 핑계를 댔을 때는 받아들이시지 않으셨습니다.

아버지는 저를 아주 어릴 적부터 한 사람의 완전한 인간으로 대해 주셨습니다. 몇 살이 되든 아버지는 항상 어른을 대하듯 저를 대해 주셨고, 저의 말에 주의 깊게 귀를 기울여 주셨습니다. 이것은 저에게 한하지 않고 어떤 아이에게나 그러셨습니다. 어떤 아이도 한 사람의 완전한 인간이라고 아버지는 믿고 계셨습니다.

저와 함께 시간을 보내는 것을 아버지는 정말로 즐기고 계셨다는 것도 잘 알고 있습니다. 저에게는 아버지의 애정을 구할 필요가 없었습니다. 그것은 항상 눈앞에 있었기 때문입니다.

그래서 오늘날까지 저는 자신을 하잘것없는 존재라고 느낀 적도, 남과 자신을 비교해 보려고 한 일도 없습니다. 이 멋진 선물을 주신 아버지께 감사하면서 저도 제 아이들에게 전해 주어야겠다고 생각하고 있습니다.

아버지는 한번도 설교하신 적이 없으며 제가 선악의 구별을 잘 알고 있다고 믿고 계셨던지, 설교 대신에 "자기 자신에게 정직해야 한다. 자신에게 거짓말을 해서는 안 된다." 하고만 말씀하셨습니다.

아버지 자신은 정직의 화신과 같은 분으로, 그 생활 태도는 하나의 모범으로 삼기에 족한 것이었습니다. 저는 이 견본을 고맙게 생각하고 있습니다. 그리고 자신의 모든 행동에 정직한 것이 얼마나 중요한 것인가를 지금 잘 알고 있습니다.

아이에게 강제로 무엇을 시키는 것은 아버지의 방식이 아니었습니다. 저는 아버지로부터 체벌을 받아본 적이 한 번도 없습니다. 아버지는 항상 변함없이 온화하셨고, 신념이 뚜렷해서 타협 때문에 그 신념을 굽히신 일은 없었습니다.

이런 아버지의 슬하에서 가정교육을 받을 수 있었던 저는 참으로 행운이라고 할 수 있습니다.

만일 아버지가 화가 나신 나머지 제게 주먹을 휘둘렀다면 틀림없이 충격을 받았을 것입니다.

주먹을 휘두르는 대신 아버지는 언제나 "화를 내는 것은 네 마음대로지만, 나까지 덩달아 신경질을 내고 싶지는 않구나." 하고 말씀하셨지요. 저는 아버지의 감정에 호소하려고 하지 않았는데, 그것은 아주 어렸을 적부터 아버지에게서 받은 가정교육에 의한 것이었습니다.

조금 자라고 나서부터는 "자기 자신을 존경하는 마음을 갖는 것이 중요하단다. 자신을 존경하지 않는 사람은 남도 존경할 리가 없단다." 하고 가르쳐 주셨습니다.

그리고 아버지는 분명히 제게 그만한 값어치가 없을 때에도 저에 대한 존경의 감정을 언제나 갖고 계셨습니다. 인간은 존재한다는 것만으로 당연히 존경을 받을 값어치가 있으며, 제게도 다른 사람들에 대해 그렇게 해야 한다고 생각하고 계시는 것 같았습니다.

오늘날 화를 내며 자식에게 폭력을 행사하는 부모를 자주 보게 되는데, 얘기를 들어보면 그들도 어렸을 때 부모로부터 같은 취급을 받았다는 것을 알 수 있습니다. 그러나 아버지는 우리를 때리지 않았으며 그래도 우리는 그 교육대로 잘 따라 주었습니다.

저는 항상 아버지를 존경하고 아버지도 저를 존경해 주셨는데 특히 중요한 것은, 그리고 감사의 마음을 아버지께 전하고 싶은 것은 저도 오늘날 자신을 존경하고, 주위 사람들에게도 스스로를 존경하도록 가르치고 있다는 것입니다.

많은 어른들이 아버지와 같은 방법으로 자녀에게 대한다면 오늘날 문제가 되고 있는 아동 학대, 불만, 적대감, 강제적인 가정 교육 같은 것은 모조리 자취를 감출 것입니다.

잊을 수 없는 격려의 말씀도 기억합니다

아버지가 언제나 약속을 정확히 지키셨던 것에 대해서도 새삼스럽게 감사를 드리고 싶습니다. 어쩔 수 없이 계획한 일을 변경하지 않으면 안 되게 되었을 때에도 아버지는 먼저 저에게 의논하고, 그 이유를 설명해 주셨기 때문에 저는 실망하는 일이 없었습니다.

지금도 기억하고 있지만 제가 어떤 일을 도중에서 그만두려고 한 적이 있었지요. 그때 아버지는 그만둬서는 안 된다고 강력하게 말씀하셨습니다.

　"약속은 약속이다. 만일 약속을 지키지 않는다면 앞으로 네가 말하는 것은 믿을 수가 없게 된다. 자신이 말한 것을 지키지 못하는 인간은 아무런 가치도 없단다."

　나는 새벽의 신문배달이 싫어서 견딜 수가 없었는데, 그것은 누구를 위한 것도 아니고 저 자신을 위한 것이라고 아버지께서는 설득하셨습니다. 오늘날 저는 약속을 한다는 것은 계약을 하는 것이라고 믿고 있는데, 그렇게 하도록 한 모델이 바로 아버지이셨습니다.

　아버지는 자신에게 높은 긍지를 갖고 계셨으며, 사회적인 호기심을 항상 잃지 않으셨고, 또 세계 전체에 대해 자신의 의견을 가지려고 하시며, 더 나아가 타인을 돕는 방법을 쉴새없이 생각하고 계셨습니다. 저는 이런 사실이 항상 귀중한 일이라고 생각하고 있습니다.

　가정에서도 금지되는 이야기가 없었으며 아버지 자신이 먼저 항상 흉금을 털어놓고 다른 의견에도 늘 귀기울여 주셨습니다.

　아버지의 개방적인 자세 덕분에 집에서의 대화는 참으로 즐거웠고, 어느 의견에도 귀를 기울이는 아버지의 태도를 보아온 저로서는 어른이 된 지금도 편견을 갖지 않는 것이 자연스러운 태도로 몸에 배게 되었습니다.

아버지를 접하면서 알게 된 것은 설사 그때 제가 아무리 짜증을 내면서 감정이 격해 있다 하더라도, 아버지에게 불경스러운 태도를 취하는 것을 잠자코 넘겨 버리시지 않았다는 것입니다.

"아무리 짜증스러워도, 또 아무리 다른 사람이 자기 주장만 내세울 때라도 그에게 불손한 태도를 보일 권리는 너한테 없는 거란다." 하고 여러 번 말씀하셨습니다.

저는 혼자 있을 때, 아버지의 말을 오랜 시간 반추해 보았는데, 그것이 나 자신의 성급한 성격을 교정해 주고 분노를 타인에게 쏟아 붓는 것을 억제하는 데 많은 도움을 주었습니다.

내 친구의 부모들과는 달리 아버지는 사람들 앞에서 저를 꾸짖은 적이 단 한 번도 없었습니다. 지금까지도 감사하고 있지만, 아버지는 친구나 다른 가족이 있는 곳에서 나를 꾸짖지 않으셨고, 아무도 없는 곳으로 데리고 가서 남몰래 주의를 주셨습니다.

이처럼 아버지의 세심한 배려는 저에게 강한 영향을 주었기 때문에 지금도 저는 제 자식들에게 같은 방법을 쓰고 있답니다. 하기야 아버지에게 있어서는 그것이 특별한 방법도 아니며, 어린아이의 인격을 존중하는 극히 자연스러운 태도였겠지만 말입니다. 사람들 앞에서 꾸짖는 것이 자식에게 얼마나 큰 무안을 주는지 아버지는 잘 알고 계셨던 것입니다.

지금까지 꼭 한 번 그 점에서 주의를 주신 것을 기억하고 있습니다. 저는 그때 레스토랑의 한 만찬에서 넘어져 짜증이 난 나머지 아버지에게 화풀이를 했습니다. 아버지는 다른 구실을 붙여

저를 자동차가 있는 곳까지 데리고 가서 다음과 같이 말씀하셨습니다.

"너를 친구 앞에서 꾸짖은 적은 한 번도 없었다. 나도 네가 그래 주기를 바란다. 이번 일은 꼭 명심해 두어라."

그리고 아버지는 말할 것을 모두 말씀하시고, 언제나 그렇듯이 제 어깨에 팔을 두르시고는 "나는 그래도 너를 좋아한단다." 하고 말씀하셨지요. 그리고 "누구나 때로는 넘어질 수가 있는 것이지." 하고 속삭이셨습니다.

그 일은 제가 7살 때였는데도 불구하고 마치 어제 일처럼 생생히 기억하고 있습니다. 그때 얻은 커다란 교훈에 저는 무척 감사하고 있지요.

아버지는 실패를 배우는 것이 중요하며 실패 자체를 나쁜 것이라고 여길 필요는 없다고 말씀하셨습니다. 그리고 설사 지독한 실패를 했더라도 아버지는 따뜻하게 저를 보아 주실 것이라는 것을 알고 있었습니다.

마침내 저는 아버지가 매우 특별한 분이라는 것을 알았습니다. 친구의 부모들은 자녀가 잘못을 저지르면 대개는 언제든 화를 내고, 원망스럽게 생각하고, 밉살스러운 듯이 말하고, 매우 모욕적인 태도로 대하는 것을 보았습니다. 그러나 아버지는 전혀 저를 그렇게 대해 주시지 않았습니다. 친구들이 모두 우리 집으로 놀러 오고 싶어했던 것은 아마 그 때문이었던 것 같습니다.

그들은 아버지가 마음씨 좋은 분이고, 누구에게나 호의를 품으며 또 공평하여 함께 있기에 즐거운 분이라는 것을 알고 있었습니다.

자기 집에서는 청소를 하지 않는다고 욕을 먹던 친구가 우리 집에 와서 아버지의 부탁을 받으면 기꺼이 무슨 일이든 다했던 것을 기억합니다. 그들도 저 못지 않게 아버지를 좋아하고, 아버지를 기쁘게 하기 위해서라면 어떤 일이라도 했던 것입니다.

학교 성적보다는 인생을 즐기는 법을 가르쳐 주셨습니다

지금도 기억하고 있습니다만, 항상 아버지는 우리들에게 무엇인가를 실험하고 힘껏 해보도록 권하셨습니다.

우리 집 지하실에서는 언제나 몇 가지 과학적 실험이 진행중이었으며, 또 뜰에는 농구 틀이 있었습니다.

제가 뭔가 새로운 것을 시도하고 있을 때, 아버지는 가장 행복한 것 같았습니다. 아이가 자신의 경험 속에서 지식을 몸에 익혀 간다는 것을 아버지는 잘 알고 계셨으며, 설사 어른에게는 불편하더라도 아이에게는 새로운 것을 시도하고 미지의 세계를 여행하는 것이 중요하다는 것도 인식하고 계셨습니다.

휴가 계획을 짤 때는 우리들을 참가시켜 새로운 모험을 시도하게 하려고 하셨으며 규칙을 배우고 명령받은 대로 행동하는 것보다는 인생을 즐기는 쪽이 아이들에게 있어 중요하다고 생각하시는 것 같았습니다. 이런 아버지의 방침이 저의 인생에 얼마나 큰 도움이 되었는가는 좀처럼 상상하기 힘드실 것입니다.

아버지는 제가 병에 걸려도 좋다고 생각한 것은 물론 아니시겠지만 건강은 자기가 만들어 가는 것이라고 가르치셨습니다. 아버지는 항상 건강에 대한 의욕을 갖도록 제게 가르치셨지만 제가 몸이 아플 때는 그다지 신경을 쓰시지 않는 것 같았습니다. 물론 완전히 무시하는 것은 아니지만, "건강에 대한 의욕을 가지면 병을 빨리 낫게 할 수 있단다." 하고 말씀하셨습니다.

때로는 나에 대해 너무 신경을 쓰지 않는다고 고깝게 생각한 적도 있었으나 잘 관찰해 보니 병에 대한 아버지의 그런 태도는 아버지 자신에 대해서도 똑같았습니다.

"네게는 병에 걸려 있을 여유 같은 것이 없을 거야." 하고 언젠가 말씀하신 적이 있습니다.

그때는 그 의미를 이해할 수가 없었으나 지금은 잘 알 수 있습니다. 다만 병에 대해 구질구질하게 생각하지 말라고 말씀하신 것입니다. 그리고 아버지는 주위 사람들과는 달리 좀처럼 자리에 드러눕거나 감기에 걸리는 일이 없었습니다.

지금까지 저는 운동 프로그램을 충실히 지켜 아직 무병으로 어려움 없이 지내고 있는데, 그것은 먼 옛날 그러한 아버지의 가르침 덕택입니다.

또 한 가지 예를 들면, '성적표'에 관해서도 아버지는 완전히 특별한 태도를 취하셨다는 것입니다.

지금도 기억하고 있습니다만, 다른 아이들은 모두 부모로부터 잔소리를 듣는 것이 무서워서 성적표를 집에 가져가려고 하지 않았습니다. 그런데 저는 그럴 필요가 없었습니다. 제가 성적표를 보여 드리면 아버지는 "어떠냐? 네 자신으로서도 이 성적에 만족하느냐?" 하고 말씀하셨습니다. 그리고 제가 실현 가능한 학습목표를 세우거나 어떤 공부에 우선 힘을 기울이지 않으면 안 되는가를 똑똑히 가늠하는 데 그 성적표를 이용하셨습니다.

성적이 떨어졌을 때도 결코 화를 내지 않으셨고, 또 내가 의욕이 결여되었다고 해서 짜증내는 일도 없이 오히려 냉정하고 솔직하고 부드럽게 말씀하셨습니다. "그 부분에서는 좀더 노력을 하는 것이 좋겠구나."라고요.

대체로 아버지는 저의 학교나 운동부의 성적에 대해 구질구질하게 생각하시는 일이 없었고, 다른 아이와 비교해서 공부를 잘한다든가 못 한다든가에 대해서도 거의 무관심하셨습니다.

제게 분명히 말씀하신 것처럼, 그런 것은 제 자신의 문제이며 제가 하는 일을 일일이 참견하여 제 인생에 스트레스나 불안을 가져다주는 일은 아버지가 바라는 바가 아니셨던 것입니다. 즉 학교 성적보다는 인생을 즐기는 법을 가르쳐 주신 것은 제 인생에 큰 행운이었습니다.

지금도 저는 그 당시 아버지의 생활양식을 기억합니다

아버지는 딱딱한 규칙이나 어떤 방침에 위배되는 일이 있어도 먼저 자신의 신념을 관찰하라고 가르치셨습니다.

등교 중에는 교외에서라도 친구끼리 팔짱을 끼어서는 안 된다는 학교의 규칙에 항의하여 제가 3일간 교장실에 주저앉아 있던 적이 있었습니다. 아버지도 그 규칙이 무리한 것이라고 생각되셨는지 제게 이렇게 말씀하셨습니다.

"그 규칙이 잘못되었다고 생각하면 싸워라. 그러나 나나 누군가 다른 사람이 그 투쟁에 가담해 주리라고 생각해서는 안 된다. 그 결과는 네 자신이 책임을 지고 받아들여야 한다. 하지만 너는 반드시 그 규칙을 바꿀 수 있다고 생각한다."

그리고 아버지가 말씀하신 대로 되었습니다. 저는 3일간 그곳에서 연좌데모를 하고, 마침내 저를 교실로 보내기 위해 아버지가 학교로 불려왔으나 그때 아버지는 교장 선생님께 저의 변호를 하셨습니다.

등교 도중에 학생이 무엇을 해서는 안 되고, 무엇을 해야 좋다는 것을 명령할 권리는 교장 선생님에게 없으며, 또 팔짱을 끼는 것이 조금도 나쁜 일이라고는 생각지 않는다, 더 나아가 이 아이는 굳게 믿고 있는 것에 따라 행동했으므로 사죄할 필요가 없다고 단호하게 교장 선생님께 말했던 것입니다.

제가 뭔가 얘기하고 싶다고 생각했을 때 언제든지 아버지는 잠자코 주의 깊게 귀기울여 주셨습니다. 그것은 저에게 있어 얼마나 귀중한 일이었지 모릅니다. 덕택에 저는 자신이 중요한 존재라고 여길 수 있었고, 지금도 그런 느낌을 가지고 살고 있습니다.

자녀가 말하는 것에 주의 깊게 귀기울여 주는 것은 훌륭한 교육 수단인 것입니다.

그런데 아버지는 항상 저에게 무엇인가를 가르쳐 주려는 것이 아니라, 오히려 제게서 무엇인가를 배우려는 것처럼 보였으며 또 그렇게 열심히 얘기를 들어 주시는 것을 보면 정말로 저에게 신경을 써주시는구나 하고 느껴져서 그럴 때마다 저는 말할 수 없는 기쁨을 맛보았습니다.

당시는 아버지가 언제나 그런 식으로 얘기를 들어 주시는 것을 당연한 일로 생각하고 있었기 때문에 유달리 의식하지 못했지만, 지금 생각해 보면 어떤 때라도 자식에게 흉금을 터놓고 대하는 아버지의 놀라운 자세는 참으로 경탄할 만한 것이었습니다.

아버지는 얘기 도중에 가로막거나 제 얘기에 반론하거나 하신 일이 한 번도 없었는데, 이것이 얼마나 훌륭한 자세인지를 제가 깨달은 것은 훨씬 뒤의 일입니다. 시종 아버지가 제게 보여주신 다정함과 인내심에 다만 경탄할 뿐입니다.

이따금 저는 심한 장난을 칠 때도 있었습니다만, 아버지는 결코 거친 소리를 내거나 제게 손을 휘두르시지 않으셨습니다. 누구든 한 사람의 인간에게 그런 태도를 취하지 않는다는 것이 아버지의 방침이셨습니다.

지금도 잘 알고 있습니다만, 제가 저를 존중하는 마음은 아버지가 끊임없이 저에게 보여주신 이런 태도 위에 쌓여진 것입니다. 그러나 그런 태도는 아버지가 남에게 보이기 위해서가 아니라 매일의 생활 속에서 자연스럽게 몸에 배어 우러나온 것이었습니다.

아버지라는 인격 가운데는 전혀 저속한 것이 없었으며, 또 제게 완전히 관용의 태도를 취하셨기 때문에 제 속에 그런 것이 나타나더라도 당장 무산되어 버리고 말았습니다.

지금의 저는 모든 사람을 긍정적으로 바라볼 수가 있습니다. 사실 저는 어떤 생명에도 존경의 마음을 갖고 있으나, 그것은 주로 아버지가 몸소 그같은 자세를 보여주신 덕택이라고 믿고 있습니다.

또 누군가에게 분노를 느꼈을 때, 아버지는 항상 잠시 그 자리를 떠나 냉정을 되찾고 계셨지요. 모습을 감춘 아버지가 무얼 하고 계실까 하고 어린 마음에 불안하기도 했으나 지금 생각해 보면 그때 아버지는 마음을 가라앉히고 스스로에게 말을 걸고, 그것에 의해 자신의 감정을 다른 사람에게 돌리는 일이 없도록 하고 계셨던 것입니다.

이것은 거의 성인의 방식이라고 할 수 있지요. 이 점에서는 아버지에게 성스러운 것이 있었다고 저는 믿어 의심치 않습니다. 이와 같이 아버지는 분노를 말이나 무기로 발산시키기 전에 자기를 반성하고 침착함을 되찾는 방법을 저한테 가르쳐 주셨습니다.

아버지는 제가 어린아이라는 것을 잊지 않으시고 어린아이로서 할 수 있는 이상의 것은 결코 저한테 기대하지 않으셨습니다.

제가 4살 때에는 레스토랑에서 4살짜리 아이로서 행동하는 것도 당연하다고 생각하셨고, 10대인 제가 어른과 같은 판단력을 갖지 못하는 것을 당연하다고 생각하신 것 같습니다. 보다 적절한 판단을 할 수 있도록 끊임없이 저를 이끌어 주셨지만, 무질서한 행동을 했다고 해서 꾸중을 들은 것은 한 번도 없었습니다.

아버지는 아이답게 행동하는 것을 부끄럽게 생각하지 않으시고 아이를 성장하도록 이끌어 가는 이상한 능력을 가지고 계셨습니다. 실수를 저질렀을 때도 다른 부모와는 달리 꾸짖는 일이 없으셨기 때문에 항상 저는 안심이었습니다.

이웃집 유리창을 깼을 때도 아버지는 큰소리를 지르시며 노하거나 저를 벌주지 않으시고, 단지 간단하게 다음과 같이 말씀하셨을 뿐입니다.

"네가 부주의하게 공놀이를 하다가 유리를 깼으니까 네가 스스로 책임을 져야 한다. 자, 유리를 갈아 끼워 일을 정리하자. 그리고 앞으로는 공치기를 할 때 좀더 장소에 유의해야겠다."

아버지는 실패했을 때 해결법을 찾도록, 또 책임을 지도록 가르쳐 주셨습니다. 이것은 인생에 있어서 참으로 귀중한 교훈이어서 매일 저는 이 가르침을 활용하고 있습니다.

아버지가 몸으로 보여주신 이러한 놀라운 여러 가지 가르침을 저는 단 하루라도 생각하지 않는 날이 없습니다.

배의 기적소리를 들을 때마다 저는 옛날 아버지가 멈춰 서서 강 위로 지나가는 화물선을 넋을 잃고 바라보고 계셨던 때의 일을 생각합니다. 그때까지 수없이 보셨을 텐데도 아버지는 언제나 화물선의 풍경에 매료되어 버리시곤 했습니다. 또 아름다운 해돋이를 볼 때마다 하나님께서 내려주신 아름다움에 감탄의 소리를 지르셨습니다.

아버지는 자신의 주위에 있는 아름다운 것에 지루한 줄 모르고 응시하고 계셨으며 또 제게도 모든 자연이나 사람들의 아름다움에 눈을 돌릴 수 있는 인간이 되도록 이끌어 주셨습니다.

또한 아버지는 누구에게나 불친절한 말을 하시는 일이 없으셨으며 누구에 대해서도 악의를 품으신 적이 없으셨고 제가 기억하고 있는 한, 아버지는 날마다 인생을 마음껏 즐기고 계셨는데 저도 현재 그렇게 하려고 노력하고 있습니다.

아버지는 저에게 있어 빛나는 빛이며, 그 덕택에 저도 스스로 빛을 발할 수 있게 되었습니다. 아버지는 항상 말로 설교나 훈계를 하시는 것이 아니라, 행동으로 하나의 모범이 되어 주셨으며 아이들에게 있어 무엇이 정말로 바람직한가를 잘 알고, 그것을 늘 실천하셔서 저는 그 경과를 매일 지켜보며 자랐습니다.

제가 아버지에게 힘입은 것은 말할 것도 없이 크지만, 그럼에도 불구하고 아무 것도 힘입은 것이 없다는 느낌도 듭니다.

아버지로서는 보상이 필요해서 그렇게 하신 것이 아니라, 자식에게 있어 무엇이 정말로 바람직한가를 마음속으로 정확히 알고 계셨기 때문에 그것을 행하신 것뿐입니다.

저는 이 편지를 아직 얼마든지 계속 더 쓰고 싶은 마음입니다만, 아버지께서 저에 대한 심정을 충분히 이해하셨으리라 생각하여 이만 줄이려 합니다.

　아버지, 정말 감사합니다. 사랑을 담아서 이 편지를 보내 드리며, 이만 안녕히 계십시오.

박정애 · 서울에서 태어나 이화여대 영어영문학과를 졸업했다. 수년간 출판사에서 영어교재 및 단행본을 기획했으며 외화 번역자로 일하다가 현재는 도서 번역을 전문으로 일하고 있다. 「동물농장」, 「원더라고 불리는 말 1, 2」, 「Struck by Lightning」, 「The Power to Be Your Best! by Todd Duncan」(출간 예정) 등의 번역서가 있다.

엄마 아빠, 나도 영재로 키워주세요

초판 1판 인쇄 · 2007년 4월 10일
초판 1판 발행 · 2007년 4월 15일

지은이 · 웨인 W. 다이어
옮긴이 · 박정애
펴낸이 · 이종천
펴낸곳 · 오늘

출판등록일 · 1980년 5월 8일 제10-104호
주소 · 서울시 마포구 마포동 35-1 현대빌딩 609호
전화 · 719-2811(대)
팩스 · 712-7392
홈페이지 · www.oneul.co.kr
E-mail · oneull@hanmail.net
ISBN · 978-89-355-0432-7 13590